PRATIQUE

DE

L'ART DE CHAUFFER

PAR LE THERMOSIPHON

OU CALORIFÈRE A EAU CHAUDE,

AVEC UN ARTICLE SUR LE CALORIFÈRE A AIR CHAUD.

OUVRAGE CONTENANT

des notions de physique sur les effets de la chaleur; les moyens d'en tirer le meilleur parti; les causes du mouvement de l'eau; les différentes formes que l'on peut donner aux appareils applicables au chauffage des serres et des habitations; leur influence sur la santé des hommes et des plantes,

AVEC 21 PLANCHES GRAVÉES.

PAR A***,

Membre des sociétés d'Horticulture de Paris, de plusieurs de celles des départements et de la Belgique

PARIS,

AUDOT, ÉDITEUR DU *BON JARDINIER*,

RUE DU PAON, 8, ÉCOLE-DE-MÉDECINE.

1844

PRATIQUE
DE L'ART DE CHAUFFER.

IMPRIMÉ PAR BÉTHUNE ET PLON, A PARIS.

PRATIQUE

DE

L'ART DE CHAUFFER

PAR LE THERMOSIPHON

OU CALORIFÈRE A EAU CHAUDE,

AVEC UN ARTICLE SUR LE CALORIFÈRE A AIR CHAUD.

OUVRAGE CONTENANT

des notions de physique sur les effets de la chaleur; les moyens d'en tirer le meilleur parti; les causes du mouvement de l'eau; les différentes formes que l'on peut donner aux appareils applicables au chauffage des serres et des habitations; leur influence sur la santé des hommes et des plantes.

AVEC 21 PLANCHES GRAVÉES.

PAR A***,

Membre des sociétés d'Horticulture de Paris, de plusieurs de celles des départements et de la Belgique.

PARIS,

AUDOT, ÉDITEUR DU *BON JARDINIER*,

RUE DU PAON, 8, ÉCOLE-DE-MÉDECINE.

1844

AVANT-PROPOS.

Nous devons compte au public des raisons qui nous ont engagé à publier ce traité pratique.

Les premiers documents que nous avons recueillis sur ce sujet étaient destinés à paraître dans la REVUE HORTICOLE et n'avaient rapport qu'au *Thermosiphon*. Mais nous avons bientôt reconnu la nécessité, pour que ce système fût compris, d'en faire précéder l'exposé de quelques notions de physique en ce qui concerne la transmission de la chaleur.

Nous nous sommes convaincu aussi qu'il était impossible de traiter du calorifère à eau sans parler, au moins succinctement, du calorifère à air. Comment aurions-nous pu garder le silence sur ce dernier genre d'appareil lorsque nous avons vu M. René Duvoir combiner et employer les deux procédés pour produire simultanément la chaleur dans les lieux habités comme dans les serres!

Dès lors notre travail s'est trouvé beaucoup trop considérable pour être inséré dans la *Revue horticole* et nous avons été porté à le publier séparément, *comme un résumé* qui pût être consulté par les propriétaires ainsi que par les praticiens qui manquent de renseignements écrits et qui ne sauraient, ni les trouver dans les ouvrages publiés en langues étrangères, ni peut-être les comprendre dans les livres des physiciens, où les calculs compliqués sont trop souvent exprimés en signes algébriques.

Toutefois voici l'indication des ouvrages les plus complets où l'on peut puiser ces renseignements sur l'art de chauffer, et où nous en avons puisé nous-même la plus grande partie :

Principes de l'art de chauffer et d'aérer les édifices, les maisons, les serres, etc., par Th. Tredgold (en anglais); 2e édit. Londres, 1824.

Traité populaire sur le chauffage et la ventilation des édifices et sur l'art de chauffer au moyen de l'eau chaude en circulation, par Ch. J. Richardson (en anglais). Londres, 1837.

Traité pratique du chauffage des habitations au

moyen de l'eau chaude, par Ch. Hood (en anglais). Londres, 1837.

Construction du thermosiphon ou calorifère à eau, par Michel Saint-Martin (en italien). Turin, 1839.

Plusieurs mémoires de M. Darcet et d'autres auteurs dans le Bulletin de la société d'encouragement, etc.

Traité de la chaleur, par M. Péclet; 2e édit. Paris, 1843. Ouvrage supérieur et qu'on ne saurait trop recommander aux personnes qui veulent acquérir des connaissances étendues sur la chaleur et ses applications. Il forme 2 vol. in-4°, avec plus de 100 planches in-folio, et se vend 66 fr., chez M. Hachette, rue Pierre-Sarrasin, à Paris.

Encyclopédies anglaises.

Traité sur le système des canaux pour la circulation de l'eau chaude, par W. E. Rendle; 2e édit. (en anglais). Londres, 1843.

Les différents modèles d'appareils que M. René Duvoir a composés et fait graver, et qu'il a bien voulu nous permettre d'insérer dans nos figures gravées quoique encore inédites chez lui.

On sait, en général, que, dans le problème de la construction des appareils et de la quantité de chaleur à produire, la plupart des données sont variables, tels sont la nature et la qualité du combustible, les influences atmosphériques, l'état des corps que l'on a à échauffer, etc., etc.; mais nous avons tâché de fixer, au moins approximativement, certaines limites entre lesquelles on pourra obtenir des résultats utiles.

Il est bon d'ajouter cependant que le chauffage des manufactures, celui des édifices publics et des vastes habitations exigent des appareils grands, multipliés et compliqués dans leur composition; des combinaisons très-variées deviennent souvent indispensables pour parer à toutes les chances que font naître la position des lieux, leur température et les besoins de leur destination. Des hommes spéciaux, qui ont passé leur vie à étudier la science et l'effet des calorifères, sont seuls capables de résoudre une foule de difficultés imprévues. Il serait donc téméraire d'entreprendre d'échauffer des grands locaux sans leur concours. C'est encore chez eux que l'on trouvera même les appareils qui peuvent servir à des établissements moins vastes, toutes les fois que l'on n'aura pas sous la main les ouvriers capables de bien entendre la combinaison des appareils dont nous donnons les formes et la description.

Nous dirons donc aux personnes qui ont besoin de leurs secours, qu'indépendamment des ingénieurs, auxquels on doit l'application de la science à l'art de chauffer les habitations, il existe aussi des constructeurs qui ont su mettre en pratique les leçons des savants. Parmi eux l'on distingue M. René Duvoir, dont les ateliers se trouvent à Paris, rue Coquenard, n° 11, et dont les productions calorifiques en tout genre jouissent déjà d'une grande célébrité.

M. Léon Duvoir, son frère, dont l'établissement est situé rue Notre-Dame-des-Champs, n° 26, s'est fait une juste réputation par ses connaissances dans l'art du chauffage au moyen de l'eau en circulation, qu'il a appliqué aux plus grands établissements.

Enfin, M. Fontaine, rue Saint-Pierre, n° 1, à Versailles, a construit, avec une grande connaissance du mouvement de l'eau, beaucoup de thermosiphons en cuivre, et particulièrement ceux qui ont été imaginés par M. Grison pour chauffer les serres de Versailles.

Nous devons beaucoup aux communications officieuses de ces praticiens, ainsi qu'aux bons avis d'un savant qui a bien voulu se charger de revoir notre travail. Nous le prions de recevoir ici l'expression de notre gratitude.

Puisse ce résumé atteindre son but en contribuant à répandre l'usage du THERMOSIPHON, appelé à jouer un grand rôle dans l'économie domestique.

PRATIQUE
DE L'ART DE CHAUFFER.

PREMIÈRE PARTIE.

NOTIONS DE PHYSIQUE SUR LA CHALEUR.

Quelque part que nous portions nos pas sur la surface du globe, nous sommes incessamment arrêtés par mille sujets d'admiration que présente la nature à notre imagination curieuse, et que nous devons à la bienfaisante action de la chaleur : ce sont les prairies, les gazons émaillés de fleurs aux nuances infinies couvrant la terre de sa plus belle parure ; les forêts profondes aux arbres séculaires ; les nappes d'eau miroitant sous les feux du soleil, dont l'influence se répand sur toute la nature, vivifie l'air et prépare des jouissances tellement étendues que l'homme dans sa carrière bornée ne peut les connaître toutes... Sans la présence et les effets de la chaleur, la terre ou plutôt le point sur lequel nous avons été jetés, ne présenterait qu'un rocher impénétrable sur lequel la vie animale et l'action végétale seraient impossibles : les masses liquides perdraient leur fluidité ; l'air dépouillé de son élasticité ne prêterait plus aux organes son indispensable concours : tout mouvement s'arrêterait dans la nature.

La chaleur est devenue pour l'homme un des plus puissants agents qu'il ait jamais soumis à l'utilité générale. Le feu est donc d'un emploi universel non-seulement dans nos chambres, où l'on n'a pour but que de profiter de la chaleur qu'il produit ; non-seulement dans les arts chimiques, où il favorise les combinaisons, et dans nos cuisines, où l'on opère de véritables transformations chimiques ; mais encore dans la plupart des actes industriels, soit que l'on ait besoin d'une force motrice considérable, ou qu'il soit nécessaire de faire subir aux corps des modifications dans certaines de leurs propriétés physiques, telles que la dureté, la solidité, la ductilité, la fusibilité, etc.

Il n'est pas nécessaire de recourir à une cause particulière pour expliquer le froid : *l'absence de la chaleur* suffit. Cette opinion, généralement admise aujourd'hui, s'accorde avec les faits connus.

CHAPITRE PREMIER.

DE L'EXPANSION OU DILATATION DES CORPS.

La chaleur ou calorique libre, éminemment élastique, se meut, comme la lumière, en rayonnant; elle tend à se mettre en équilibre dans tous les corps, les pénètre, les dilate, les fait passer de l'état solide à l'état liquide, de l'état liquide à l'état gazeux, et quelquefois les décompose en leurs éléments.

En général, les corps que l'on échauffe s'étendent dans tous les sens de manière à occuper un volume plus considérable que celui qu'ils occupaient d'abord. Cet effet, que les corps éprouvent sans que leur constitution soit changée, se nomme *dilatation*. On appelle *contraction* l'effet opposé, qui a lieu dans le refroidissement et ramène les corps à leur volume primitif.

La dilatation des corps ne provient pas de ce que le calorique les gonfle comme l'eau gonfle une éponge, mais d'un accroissement dans la force mutuellement répulsive entre les molécules des corps. Nous disons ceci seulement pour qu'on ne fasse pas d'erreur; l'explication de ce fait serait trop longue et compliquée, et nous devons renvoyer aux traités de physique.

Or la chaleur, tendant à augmenter la dimension des corps qu'elle pénètre, change leur forme, elle amène aussi la destruction des fourneaux et des appareils. Il est donc bien important d'en calculer les proportions. Dans les longues conduites d'eau, on doit laisser un peu de jeu aux parties afin qu'elles se prêtent au retrait ou à l'extension causée par les alternatives de chaud ou de froid. La table suivante donne les résultats obtenus et fait connaître l'allongement que subiront des barres ou des tuyaux de métal.

Tableau des dimensions qu'acquiert, à la température de 100 degrés, une verge des substances ci-dessous, en les supposant d'abord à 0 du thermomètre.

Tube de verre.	1/1148e.	Acier trempé.	1/807e.
(Un onze cent quarante-huitième, c'est-à-dire qu'il s'est allongé de une pouce sur 1148).		Or.	1/645e.
		Cuivre rouge.	1/581e.
Verre plat.	1/1142e.	— jaune.	1/561e.
Fer de fonte.	1/900e.	Fil de laiton.	1/[illegible]21e.
Fer.	1/865e.	Argent.	1/524e.
Fil de fer.	1/694e.	Étain.	1/516e.
Acier fondu.	1/841e.	Plomb.	1/351e.
Acier non trempé. . . .	1/927e.	Zinc.	1/339e.

Dans plusieurs arts, on tire un grand parti de la dilatabilité des corps solides par la chaleur. Les diverses parties des grandes cuves destinées à contenir des liquides, comme on en voit chez les brasseurs, les teinturiers, etc., sont liées solidement ensemble par de forts cercles de fer. Ces cercles, qu'on fait d'abord trop étroits pour être immédiatement adaptés à la cuve, sont chauffés jusqu'à ce que leur diamètre soit suffisamment agrandi; on les place alors sur la partie de la cuve où ils doivent être appliqués, et on les refroidit subitement en y jetant de l'eau. La contraction du fer qui accompagne le refroidissement détermine le resserrement de toutes les parties de la cuve, qui se trouvent ainsi en parfait contact les unes avec les autres, et sont plus solidement assemblées qu'on ne l'aurait pu faire par tout autre moyen.

Les diverses parties des roues de voiture sont fortement liées ensemble par un moyen semblable. On fait le cercle de fer qui les entoure d'un diamètre un peu moins grand que celui de la roue elle-même, et, lorsqu'il s'est agrandi par la chaleur qu'on y applique, on le place sur la roue et on le refroidit en plongeant le tout dans l'eau; sa contraction resserre toutes les parties de la roue et les assemble avec une très-grande force.

La force avec laquelle les métaux se dilatent par la chaleur et se contractent par le refroidissement est capable de vaincre les plus grandes résistances. On en trouvera la preuve dans le fait suivant, qui eut lieu au Conservatoire des arts et métiers de Paris.

Les deux murs d'une galerie de ce bâtiment penchaient fortement en dehors, parce que le poids des planchers et du toit était trop considérable. Sur la proposition de M. Molard, on pratiqua dans ces deux murailles plusieurs trous les uns vis-à-vis des autres, et on y introduisit les extrémités de fortes barres de fer qui traversaient la galerie. On adapta en dehors, aux extrémités de ces barres de fer, de larges écrous du même métal; puis on les chauffa fortement; à mesure qu'elles s'allongeaient par leur dilatation, on faisait tourner les écrous qui s'appliquaient ainsi de plus en plus contre les murailles. Lorsqu'on jugea que la dilatation des barres de fer était suffisante, on les laissa refroidir; et leur contraction fut telle qu'elles redressèrent parfaitement les deux murailles; on aurait pu facilement les faire écrouler en dedans en continuant à échauffer les barres de fer et en serrant davantage les écrous.

La dilatation soudaine des corps par la chaleur produit quelques effets contre lesquels on doit être en garde. Le verre, par exemple, se brise très-facilement lorsqu'on l'échauffe, à cause de l'inégale expansion qui en résulte. Le verre est un mauvais conducteur du calorique; cependant lorsqu'une des surfaces d'un vase ou d'un plateau de cette substance est subitement échauffée, elle se dilate; mais la chaleur ne passant pas avec promptitude à l'autre surface, celle-ci n'est que très-peu dilatée ou ne l'est pas du tout, et c'est la dilatation inégale de ces deux surfaces qui détermine la rupture du verre.

Il résulte de ce que nous venons de dire que le danger de la rupture est d'autant plus grand que le verre est plus épais. On peut, sans inconvénient, verser de l'eau bouillante dans un vase de verre très-mince, parce que la chaleur peut promptement le traverser et dilater en même temps les deux surfaces.

La dilatabilité des liquides est beaucoup plus grande que celle des solides; mais les différences de dilatabilité qu'offrent les premiers sont singulièrement remarquables: le mercure ne se dilate pas autant que l'eau, celle-ci pas autant que l'alcool, et l'alcool beaucoup moins que l'éther.

Tableau de la dilatation des liquides depuis 0 du thermomètre jusqu'à 100 degrés ou eau bouillante.

Air.	1/33e.	Huiles.	1/12e.
Mercure.	1/55e.	Alcool.	1/9e.
Eau.	1/20e.		

On peut démontrer facilement l'expansibilité d'un liquide en en remplissant une boule de verre surmontée d'un tube long et étroit dans lequel le liquide s'élève un peu avant l'expérience. On échauffe alors la boule et l'on voit le liquide monter dans le tube.

Il existe dans la dilatation des corps par le calorique et dans leur contraction par le refroidissement quelques exceptions parmi lesquelles celles relatives à l'eau sont les plus remarquables. Ce liquide, lorsqu'il se refroidit, cesse de se contracter quand il est arrivé à un certain point, et même, arrivé à ce point, il se dilate toujours.

La force expansive de l'eau qui se congèle est bien connue; elle brise souvent les tuyaux et les vases qui contiennent ce liquide. Dans nos appartements mêmes nous voyons fréquemment des carafes se briser par la dilatation de l'eau glacée, lorsque ces vases ont le col étroit, et gênent, par conséquent, l'expansion du liquide. Ce phénomène produit aussi le dépavement des parties de nos habitations où l'eau a pu s'infiltrer entre les pavés; il fend les arbres les plus forts et les rocs les plus durs; mais il est très-utile à la végétation en réduisant en poudre et en mêlant au sol les parties de pierres qui sont exposées à l'action du froid.

La surface de la terre serait, dans beaucoup de contrées, inévitablement brûlée par l'ardeur des rayons du soleil, s'il n'existait aucune cause de contre-balancement de cette chaleur immodérée.

En effet, l'air n'est pas susceptible de s'échauffer au même degré que la terre par la chaleur solaire directe; et, comme la chaleur tend constamment à se mettre en équilibre, la couche d'air qui se trouve le plus près de la terre en reçoit une partie: en conséquence, elle se dilate, et, devenant plus légère que les couches supérieures qui sont moins échauffées, elle s'élève en vertu d'une loi d'après laquelle les fluides légers s'élèvent à travers les plus pesants. Une autre couche d'air plus froid descend et prend à la surface de la terre la place de celle qui s'élève, s'échauffe de même, et s'élève à son tour pour être remplacée par une troisième, etc.

C'est ainsi que la terre est refroidie par l'action de l'air dont les molécules échauffées s'élèvent dans les hautes régions de l'atmosphère, d'où les vents les dirigent dans des climats moins chauds dont elles sont destinées à tempérer la rigueur du froid.

Les courants d'air froid, qui se dirigent des régions polaires à l'équateur et traversent l'Océan, s'échauffent graduellement dans leur cours. C'est à ce phénomène qu'une partie de l'Europe doit son climat tempéré.

En effet, l'eau de la mer, qui ne se gèle qu'à de très-hautes latitudes, est beaucoup plus échauffée que l'air qui passe au-dessus. La tendance constante du calorique à se mettre en équilibre fait que la couche d'air qui touche l'eau de la mer reçoit une partie de la chaleur que cette eau contient de plus qu'elle. La couche d'air ainsi échauffée monte, tandis que la couche d'eau qui lui a cédé une partie de son calorique descend; puisqu'elle a diminué de volume et qu'elle est plus pesante que les couches inférieures du liquide. Alors d'autres couches d'eau plus chaudes s'élèvent à la surface de la mer, tandis que des couches d'air plus froides que celle qui s'est élevée descendent pour occuper sa place et s'échauffer à leur tour en enlevant à la couche supérieure de l'eau le calorique qu'elle contient en excès sur celui de l'air; et ce phénomène continue tant que l'eau de la mer est plus chaude que l'air.

Peut-être quelques-uns de nos lecteurs croiraient-ils difficilement que d'aussi légères différences dans la pesanteur spécifique de différentes portions du même fluide pussent déterminer ces courants ascendants et descendants que nous venons de signaler; quelques expériences dont nous allons les entretenir pourront porter la conviction dans leur esprit.

Remplissez d'eau chaude un vase de verre profond; remplissez également un tube étroit et fermé par un bout avec de l'eau froide colorée légèrement en bleu par la teinture de tournesol ou toute autre couleur qui fasse distinguer les deux liquides l'un de l'autre. Renversez le tube et placez son extrémité ouverte sur la surface de l'eau chaude : l'eau froide colorée descendra aussitôt et se placera au fond du vase, tandis que l'eau chaude viendra occuper sa place dans le tube

Thermomètre.

La dilatation des corps par la chaleur et leur contraction par le refroidissement fournissent les moyens de mesurer la température. L'instrument qu'on emploie à cet usage, et dont l'action est fondée sur ce principe de dilatation et de contraction, prend le nom de *thermomètre*. On doit l'invention de cet instrument à Drebbel, paysan hollandais, en 1621.

Le thermomètre nous dit plus exactement que nos organes s'il fait plus chaud aujourd'hui qu'hier, plus froid dans un lieu que dans un autre.

On en fabrique de deux sortes : les uns à l'alcool, les autres au mercure. Les premiers ne peuvent servir à mesurer la température de l'eau qui approcherait de 100 degrés (eau bouillante), parce que l'inégalité de dilatation de l'alcool et les mouvements brusques qui l'accompagnent à une haute température feraient casser le tube. Le mercure produit une dilatation plus régulière, ce qui permet de construire des instruments plus justes et qui peuvent être comparables les uns aux autres, chose rare dans ceux à alcool.

Il y a aussi des thermomètres à *maxima* et à *minima*. Ceux à *maxima* sont à mercure, et marquent le point le plus élevé où la chaleur est arrivée dans le temps où l'observateur était absent : dans une serre, la nuit, par exemple; mais ils ne sont pas d'un usage aussi certain que ceux à *minima*, qui marquent le degré le plus bas où la température est arrivée. Ces thermomètres se placent horizontalement, et il faut avoir soin de les fixer de manière que le vent ou d'autres causes ne puissent leur imprimer aucun mouvement; autrement ils donneraient de faux rapports.

On doit prendre des précautions particulières pour observer la température de l'air, soit au dehors, soit dans une serre ou un appartement; il ne faut pas tenir le thermomètre à la main, ni le poser sur des corps qui pourraient lui transmettre une chaleur étrangère ; on devra le suspendre librement, au nord, le plus loin possible des murailles et à l'ombre, puisque c'est l'air lui-même dont on veut avoir la température et non pas celle des rayons solaires. Dans un jardin, on devrait toujours en avoir deux : un placé à 30 centimètres de terre, pour donner la température de la hauteur moyenne des plantes ; et un à 2 mètres de hauteur, car ces deux couches d'air sont souvent très-différentes.

Long-temps on a suivi en France la division établie par Réaumur, qui, portant à 0 le point de congélation, établit à 80 degrés celui de l'eau bouillante. Dans le système suivi présentement, ce dernier point porte 100 degrés, et la division se trouve plus facile à opérer.

Comme à chaque instant on trouve encore cité le thermomètre de Réaumur, nous donnons ici un tableau figuratif et comparatif des deux thermomètres, auquel nous avons joint celui de Fahrenheit, qui est la division en usage en Angleterre. Celui-ci, au lieu de partir du point de congélation, a son point de départ au 18e degré centigrade au-dessous de 0, et son point d'indication de l'eau bouillante à 212.

Du reste, la comparaison du thermomètre de Réaumur avec le thermomètre centigrade est facile ; car, l'eau bouillante étant à 100° C. et à 80° R., on peut voir qu'il faut toujours ajouter 1/4 à R. pour produire C. 1/4 $\begin{array}{r}80\\20\\\hline 100\end{array}$ ou ôter 1/5e à C. pour avoir R. 1/5 $\begin{array}{r}100\\20\\\hline 80\end{array}$. 4° R. font 5° C., 16 R. font 20 c., etc.

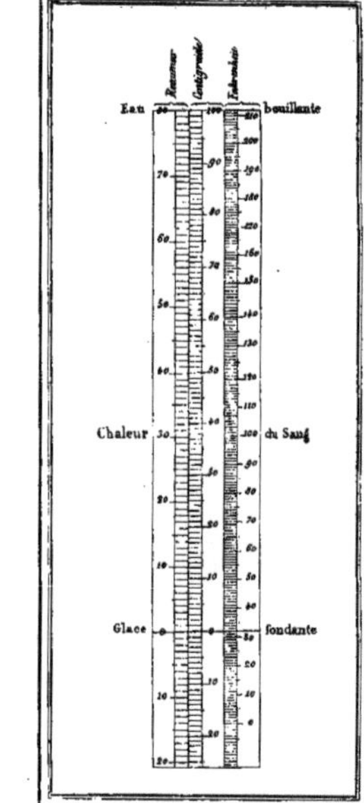

CHAPITRE DEUXIÈME.

TRANSMISSION DE LA CHALEUR.

SECTION Ire.

De la conductibilité des corps pour le calorique.

De même que la lumière pénètre tout objet diaphane, le calorique se transmet de molécule à molécule à travers les corps avec une plus ou moins grande rapidité.

Le moyen le plus simple et le plus convaincant de prouver que la chaleur traverse les différents corps avec divers degrés de vitesse est de prendre des cylindres très-déliés de plusieurs substances, comme l'argent, le verre, le charbon; de les tenir par un bout avec les doigts, et d'exposer l'autre extrémité à la flamme d'une chandelle. Le cylindre d'argent deviendra bientôt tellement chaud qu'on ne pourra plus le tenir entre les doigts; le verre s'échauffera plus lentement; et enfin le charbon sera complétement en ignition à l'une de ses extrémités long-temps avant qu'on ne ressente la moindre sensation de chaleur à l'autre.

Les substances qui s'échauffent le plus vite à la partie la plus éloignée de la flamme sont appelées les meilleurs *conducteurs du calorique*.

Les corps les plus denses (*) sont généralement les meilleurs conducteurs, mais il n'existe pas de rapport invariable entre la densité d'un corps et sa puissance conductrice; car le plus dense de tous les métaux, le platine, est un des plus mauvais conducteurs métalliques. Les substances terreuses sont de beaucoup inférieures aux métaux par leur pouvoir conducteur; le bois l'est encore davantage. Mais les matières solides qui possèdent le moins cette propriété sont celles qui constituent l'enveloppe extérieure des animaux, comme la laine, les poils et les plumes. De là l'emploi général que fait la nature de ces substances pour empêcher l'air froid de s'emparer de la chaleur des animaux, ou, en d'autres termes, pour les tenir chauds.

Le sable transmet le calorique si lentement qu'on l'employa à Gibraltar lors de l'attaque des Espagnols pour transporter des fourneaux aux batteries les boulets rouges destinés à incendier la flotte espagnole; on les plaçait dans des voitures de bois, dont les parois n'étaient préservées de l'atteinte du feu que par une couche de sable.

Les corps solides conduisent le calorique dans toutes les directions, en haut, en bas et de côté, avec une facilité presque égale.

Les rapports numériques des conductibilités intérieures de divers corps peuvent être ainsi établis :

Or.	1,000	Plomb.	180
Argent.	981	Marbre.	23
Cuivre.	898	Terre cuite. . . .	12
Fer.	374	Porcelaine.	11
Zinc.	363	Eau.	9
Étain.	303	Bois 3 à 4 soit. .	3

(*) Épais, serrés, condensés.

La différence de propagation du calorique devient peu appréciable lorsque l'on se sert de tuyaux, le métal étant alors employé mince; néanmoins on voit, d'après ce tableau, qu'il y aurait toujours plus d'avantage à se servir de tuyaux de cuivre pour conduire la fumée, l'eau ou la vapeur destinées à chauffer un espace, puisque ce métal se laissera pénétrer par une plus grande quantité de calorique.

La propagation de la chaleur à travers les liquides a lieu comme dans les substances solides; ils s'échauffent par le fait du courant produit dans leur masse lorsque la chaleur est présentée sous la partie inférieure des vases qui les renferment.

L'eau, l'air et les gaz sont mauvais conducteurs du calorique; il en est de même des corps déliés et divisés, tels que les poudres, même métalliques, parce qu'ils n'absorbent qu'une très-petite portion des rayons calorifiques qui les traversent.

Le comte de Rumford a fait des expériences dans le but de connaître quelles étaient les substances les plus propres à être employées comme vêtements chauds.

Les plus mauvais conducteurs reconnus dans ces expériences furent le poil de lièvre et l'édredon. Rumford pensait qu'ils doivent principalement leur propriété d'arrêter le passage du calorique à la grande quantité d'air qu'ils enveloppent dans leurs interstices; car il reconnut que la même substance était plus ou moins conductrice, suivant que sa contexture était plus ou moins lâche : la soie tissée, par exemple, était beaucoup meilleure conductrice que celle employée en filaments non tordus.

Les substances qui forment les vêtements les plus chauds sont celles qui ont les plus longs poils ou le plus long duvet, parce que l'air qu'elles retiennent et qu'elles enveloppent s'oppose à la sortie de la chaleur naturelle du corps.

Le faible pouvoir conducteur de la neige est dû à la même cause, c'est-à-dire à l'air contenu et enveloppé dans ses interstices. Cette propriété présente de grands avantages en empêchant la surface de la terre d'être gelée partout où elle est recouverte de neige. On affirme que, tandis que la température de l'air descend en Sibérie à—56 degrés centigrades, la surface du sol, protégée par une grande épaisseur de neige, est rarement plus basse que 0.

On tire parti du faible pouvoir conducteur de certains corps en les employant à conserver la chaleur. Les poêles sont souvent garnis, à l'intérieur, d'une chemise formée d'argile et de sable qui n'a pas d'autre but; l'interposition d'une couche de charbon pulvérisé ou d'air est très-efficace pour empêcher le calorique de s'échapper; dans quelques appartements on place de doubles fenêtres qui ont la propriété de conserver la chaleur, parce que l'air interposé entre les deux châssis s'oppose à ce qu'elle s'échappe au dehors.

Les vêtements lâches sont plus chauds que les vêtements serrés, parce qu'une certaine quantité d'air confiné enveloppe alors le corps et y maintient la chaleur naturelle.

Les mêmes substances qui empêchent le calorique de s'échapper sont également efficaces pour prévenir son admission dans d'autres circonstances. C'est d'après ce principe que les glacières sont construites avec des corps mauvais conducteurs.

Les sensations diverses que nous éprouvons, lorsque nous touchons des substances de différentes espèces, comme le marbre, l'ivoire, le verre, le bois, proviennent de la différence des pouvoirs conducteurs de ces corps. Un morceau de bois, par exemple, que nous toucherons par un temps froid, ne nous paraîtra pas de beaucoup aussi froid qu'un morceau de fer, bien que tous deux soient à la même température, comme on pourrait s'en assurer en y appliquant un thermomètre. Le fer nous semble le plus froid, parce qu'étant bon conducteur du calorique l'excès de chaleur que la main a sur celle du fer tend à entrer dans le métal pour établir entre celui-ci et la main une température égale, et la soustraction du calorique de la main produit la sensation du froid.

Le bois, qui est, au contraire, mauvais conducteur, n'enlève pas aussi rapidement la chaleur de la main, et par conséquent ne paraît pas aussi froid que le fer.

Par la même raison, lorsque le bois et le fer sont à une température élevée, le dernier paraît le plus chaud, parce qu'il abandonne plus rapidement son calorique à la main.

Les personnes qui ont fréquemment à toucher des substances trop chaudes ou trop froides se servent avec succès de gants de laine, cette substance étant très-mauvais conducteur du calorique.

Dans une chambre froide, les métaux nous semblent beaucoup plus froids que la brique et celle-ci plus que le bois; parce que le calorique absorbé par la première couche du bois s'y arrête pour le réchauffer, et ne pénètre que lentement: tandis que dans le cuivre, par exemple, le calorique absorbé par la première couche pénètre rapidement dans l'intérieur, la superficie reste froide et continue à absorber le calorique environnant.

Quoique le marbre soit beaucoup moins conducteur que le fer, il nous semble cependant très-froid; parce que son calorique spécifique est double et que, par conséquent, il a besoin d'absorber aux dépens des corps environnants une quantité double de calorique pour obtenir un réchauffement égal.

Les murs de pierre sont plus long-temps à se réchauffer que ceux de brique, parce que la pierre exige environ le double de calorique pour un réchauffement égal, et qu'en outre elle absorbe plus vite le calorique dans sa masse. Les salles revêtues de marbre sont donc encore, par cette raison, plus difficiles à échauffer.

Pour faciliter le refroidissement de l'air et des liquides, et par conséquent le réchauffement de l'air environnant, il faut les renfermer dans des plaques métalliques recouvertes à la superficie d'une couche de noir de fumée ou de colle de poisson, et faciliter aussi le renouvellement de l'air qui les enveloppe.

Pour empêcher, au contraire, leur refroidissement, il faut les renfermer dans du bois tendre, en pièces ou en sciure, du charbon en poussier, de la mousse, du papier, de la laine; le tout très-sec, avec la surface du métal blanche, polie, luisante, et éviter le mouvement de l'air environnant.

Le comte de Rumford fit des expériences sur les fluides, auxquels il refusait toute espèce de pouvoir conducteur. Cette opinion fut combattue avec succès; et, aujourd'hui, on admet généralement que les fluides sont conducteurs du calorique, mais à un degré très-faible. On a prouvé que l'on peut faire bouillir de l'eau dans la partie supérieure d'un tube sans que les couches inférieures soient beaucoup échauffées; qu'elle peut même bouillir au-dessus d'un morceau de glace à la distance de moins de trois lignes sans produire la liquéfaction immédiate de la glace; enfin que la glace fond 80 fois plus lentement lorsqu'on verse de l'eau bouillante dessus que lorsqu'elle même est placée au-dessus de l'eau bouillante.

SECTION II.

Rayonnement du calorique.

Lorsque des corps échauffés sont exposés à l'air, ils perdent une portion de leur calorique en le projetant en droite ligne, dans l'espace, de toutes les parties de leur surface.

Le calorique rayonnant se meut avec une vitesse telle, qu'il parcourt un espace de 33 mètres dans un intervalle de temps inappréciable.

Les corps qui émettent le plus de calorique rayonnant, l'absorbent dans la même proportion; et les corps qui réfléchissent le mieux la chaleur, sont ceux qui ont le moins de pouvoir rayonnant. Ainsi les rayons de chaleur agiront sur les surfaces polies comme des rayons lumineux

Deux globes creux d'étain, de même diamètre, dont l'un était recouvert d'une couche de noir de fumée, et l'autre conservait son éclat métallique, furent remplis d'eau chaude, et exposés à l'influence de divers courants d'air.

Dans la première expérience, ces globes furent exposés à un doux zéphyr; le globe brillant perdit la moitié de sa chaleur en 44 minutes, tandis que le globe noirci s'était refroidi, à la même température, en 35 minutes.

Exposés à un vent assez fort, le globe brillant perdit la moitié de sa chaleur en 23 minutes et le globe noirci en 20 $^1/_4$ minutes; enfin un vent violent produisit le même effet sur le globe brillant en 9 $^1/_2$ minutes, et sur le globe noirci en 9 minutes.

Ces diverses expériences démontrent suffisamment que le refroidissement des corps est accéléré en raison du mouvement de l'air.

On remplit d'eau chaude un autre globe creux d'étain brillant, dans lequel était plongé la boule d'un thermomètre centigrade, et on constata qu'il lui fallut 150 minutes pour abaisser sa température de 35° à 25°. Mais lorsque le globe fut couvert d'une couche de noir de fumée, il ne fut que 81 minutes pour se refroidir du même nombre de degrés.

Un vase d'étain, recouvert d'une couche mince de colle de poisson, perdit sa chaleur beaucoup plus rapidement, et son refroidissement fut d'autant plus prompt que cette couche était plus épaisse.

Lorsque les corps échauffés sont plongés dans l'eau, la nature de leur surface ne contribue plus à accélérer ou à ralentir leur refroidissement; parce que le rayonnement du calorique n'a plus lieu sous la surface de ce liquide: telles sont les surfaces intérieures des chaudières et tuyaux remplis d'eau.

Le pouvoir rayonnant, et par conséquent le refroidissement de différentes substances dans l'air atmosphérique, ont été également constatés. Le tableau suivant indique les résultats de ces expériences, c'est-à-dire, le nombre des secondes que chacune de ces substances a employées pour abaisser sa température d'un même nombre de degrés.

	Secondes.
Eau	100
Noir de fumée	100
Papier à écrire	98
Cire à cacheter	95
Verre	90
Encre de la Chine	88
Plomb terni	45
Plomb brillant	19
Fer poli	15
Étain et cuivre	12

Les faits que nous venons de signaler, à l'occasion du calorique rayonnant, sont d'une plus grande importance qu'on ne pourrait le croire d'abord : car ils peuvent servir de base à une infinité de procédés ou de modifications pour les appareils employés dans les arts ou même dans l'économie domestique.

Toutes les fois, par exemple, qu'il est nécessaire, pour le succès d'une opération, de conserver à un liquide sa chaleur pendant un temps considérable, le vase qui contient ce liquide doit avoir une brillante surface métallique, parce que les surfaces de ce genre ont le moins de pouvoir rayonnant. Ainsi les cafetières, les théières, etc., sont ordinairement d'un métal brillant, afin qu'elles conservent plus long-temps à l'eau la chaleur nécessaire pour extraire l'arome du café et du thé; cette extraction ne serait pas aussi complète dans des vases d'une autre matière.

Pour chauffer un appartement au moyen de la vapeur ou de l'eau chaude, il serait absurde de conduire la vapeur ou l'eau dans des tuyaux noircis ou même ternis, dans le trajet entre les chaudières et les locaux à échauffer, parce que, dans ce cas, la plus grande partie de la chaleur s'échapperait par le rayonnement avant que la vapeur arrivât à sa destination. Les tuyaux destinés à cet usage doivent donc être en métal brillant.

Il serait, au contraire, également erroné de donner de l'éclat aux tuyaux destinés à échauffer l'air d'un appartement; parce qu'alors ces tuyaux retiendraient la chaleur, et qu'on manquerait son but. Les tuyaux noircis sont alors préférables.

Les vases destinés à recevoir la chaleur du feu dans les opérations de la cuisine et dans celles des arts, ne doivent pas être brillants, parce que les surfaces brillantes réfléchissent et n'absorbent pas la chaleur; et l'on peut considérer comme une propriété très-utile, dans les diverses espèces de combustibles qu'on emploie habituellement, qu'ils noircissent la surface des vases métalliques en les échauffant.

C'est donc une propreté mal entendue que celle qui porte tant de personnes à exiger de leurs domestiques, qu'ils donnent, à tous les vases de cuisine, le plus grand éclat métallique possible à l'extérieur; car, par là, elles augmentent considérablement la dépense du combustible, sans aucun avantage réel.

Les propriétés des différentes couleurs pour absorber, réfléchir, ou faire rayonner le calorique, ne sont pas moins dignes d'attention pour régler le choix de nos vêtements dans l'été et dans l'hiver.

Les savants ont prouvé que la couleur noire absorbe beaucoup plus de calorique que les autres couleurs et que, par conséquent, les vêtements noirs ne sont pas convenables en été, puisqu'ils absorbent presque complétement la chaleur des rayons du soleil.

Mais, comme les surfaces qui absorbent le plus abondamment la chaleur, sont aussi celles qui lui permettent de s'échapper le plus facilement, il n'est pas plus convenable de porter des vêtements noirs en hiver qu'en été, parce qu'ils laissent alors échapper la chaleur du corps.

Il résulte de ces observations que, pour avoir le moins chaud possible en été, et le moins froid possible en hiver, il faut ne porter que des vêtements blancs, qui auraient la propriété de ne pas absorber la chaleur solaire en été, et de ne pas permettre à celle de notre corps de s'échapper en hiver. C'est un conseil que nous n'osons donner à personne. Outre l'inconvénient de porter des vêtements très-salissants, la théorie aura toujours, surtout chez les Français, un formidable adversaire : la *mode!*

SECTION III.

Chaleur spécifique. Capacité des corps pour le calorique. Unités de chaleur.

Le calorique pénètre tous les corps, il en écarte les molécules en se logeant entre elles; mais chaque corps, ayant une forme différente dans ses molécules, et un écartement différent entre elles, admet une quantité différente de calorique pour arriver à la même température. — C'est là ce qu'on appelle *capacité des corps pour le calorique.* — Il résulte de là que les différents corps, à la même température, et marquant le même degré au thermomètre, contiennent réellement des quantités différentes de calorique.

Cette quantité diverse de calorique, qu'on nomme *calorique spécifique*, ne pouvant pas être mesurée par le thermomètre, on a imaginé de la déterminer par la quantité de glace que chaque corps, élevé à une température uniforme, est capable de fondre pour descendre au même degré. La différence dans cette quantité donne, au moyen du *calorimètre,* le rapport du calorique contenu dans les corps.

De même que l'on a divisé le tube du thermomètre en degrés, afin de pouvoir mesurer et indiquer le point où le liquide s'arrête, on a imaginé de marquer aussi par degrés la quantité du calorique contenu dans une portion quelconque de chaque corps soit liquide, soit solide. — Ainsi on a appelé UNITÉ *de chaleur* celle nécessaire pour *élever d'un degré un kilogramme d'eau.*

« La *chaleur spécifique* d'un corps est le nombre d'unités » de chaleur nécessaire pour échauffer un kilogramme de » ce corps d'un degré. » (PECLET.)

NOMS DES CORPS.	CALORIQUE spécifique.	POIDS spécifique.	UNE UNITÉ DE CHALEUR fait varier d'un degré.	
			Kilog.	Décim. cubes.
Eau.	1 »	1 »	1 »	1 »
Air atmosphérique. .	0 27	» 0012	3 70	2880 »
Marbre et pierre. . .	0 20	2 50	5 »	2 »
Verre.	0 17	2 50	6 »	2 336
Brique, terre cuite. .	0 10	1 78	10 »	5 7
Cuivre.	0 10	8 90	10 »	1 124
Fer.	0 09	7 79	11 »	1 412

Donc, si nous comparons les quantités de calorique nécessaires pour élever, à une température donnée, des volumes égaux de différentes substances, l'expérience nous démontrera que ces quantités de calorique seront différentes. L'eau exige plus de deux fois autant de calorique pour atteindre une température donnée, qu'un même volume de mercure.

D'après tout ce qui a été établi sur la capacité des corps pour la chaleur, et sur leur calorique spécifique, il est évident qu'il existe entre ces deux propriétés, un rapport tellement intime, qu'on emploie souvent, sans confusion, l'une de ces expressions pour l'autre.

Quelle que soit la cause de la différence de capacité qu'on remarque dans les corps pour le calorique, il paraît que cette capacité est beaucoup influencée par la densité de ces mêmes corps, bien qu'il n'y ait pas entre ces deux états de rapports régulièrement invariables. Par exemple, l'hydrogène qui est le plus léger de tous les corps, est aussi celui qui a la plus grande capacité pour le calorique; et les métaux qui sont les plus denses, sont ceux qui en ont le moins. La capacité d'un même corps pour le calorique peut augmenter, si on diminue sa densité. Ainsi, le froid excessif qu'on éprouve dans les régions élevées de l'atmosphère est attribué à l'augmentation présumée de la capacité de l'air pour le calorique.

DEUXIÈME PARTIE.

APPLICATION DES APPAREILS A L'ART DE CHAUFFER.

CHAPITRE PREMIER.

REFROIDISSEMENT DES CORPS DANS L'AIR ; ÉCHAUFFEMENT DE L'AIR.

Dès que l'air d'un local a atteint le maximum d'échauffement, l'effet du refroidissement commence à se manifester.

Le premier effet à considérer est celui qui a lieu à travers les murs.

La meilleure manière de les construire est de laisser au milieu de leur épaisseur un vide que l'on pourrait remplir de charbon écrasé (l'un des corps les moins conducteurs du calorique), ou que l'on peut laisser seulement vide. Car il est à remarquer que l'air en contact avec les corps n'absorbe que très-peu de calorique vu sa faible conductibilité et son peu de capacité ; mais comme cet air se renouvelle, il en résulte une puissante action de refroidissement. En effet, renfermer de l'air entre deux corps solides où il n'y a pas de mouvement libre, est un des meilleurs moyens que l'on puisse employer pour isoler le corps intérieur et l'empêcher de s'échauffer s'il est froid, ou de perdre sa chaleur s'il est échauffé.

On a calculé ainsi la perte d'un mur ordinaire de 60 cent. d'épaisseur par mètre carré et par heure :

Mur en brique pour une température intérieure de 15 degrés au-dessus de zéro, et extérieure de 10 au-dessous ; différence 25 ; unités de chaleur (*). 15
Mur en moellons et plâtre ou chaux. 18
Mur en pierre calcaire. 25
Mur moitié pierre et moitié brique. 22

Si les murs étaient humides, il faudrait compter sur une plus grande perte, jusqu'à ce que la dessiccation fût effectuée.

La chaleur du soleil diminuera une partie de la perte pour les parties qui seront exposées à ses rayons.

Le deuxième effet de perte de calorique a lieu à travers les vitres.

Quantités de chaleur transmises, par mètre carré, par heure et pour une différence de température d'un degré entre l'air extérieur et l'air intérieur (calculées par M. Peclet).

(*) Nous avons déjà dit qu'une unité de chaleur était la quantité nécessaire pour élever d'un degré la chaleur d'un kilog. d'eau.

Une seule vitre.. 3,66
Id. recouverte en dedans d'une mousseline légère. 3
2 vitres à distance de 2 ou de 4 cent.. . . . 1,70
2 id. à distance de 5 cent. 2

D'où il suit que si la différence est de 2 degrés on devra, pour le premier nombre ci-dessus, compter. . . 7,32
Que si elle est de 10 degrés, on comptera. . 36,60
de 20 degrés. 73,20

Ainsi en suivant la progression, si la température extérieure était à 20 degrés au-dessous de 0, et que l'on voulût obtenir 10 degrés au-dessus à l'intérieur, il faudrait compter sur une perte maximum de 110 unités de chaleur par heure pour chaque mètre de surface de verre, les bois et les murs comptés à part.

« Mais tous les appareils de chauffage, même ceux à eau chaude, n'étant pas d'une permanence complète, il faudrait bien se garder d'en déterminer les dimensions d'après les nombres que nous venons d'indiquer, car tous doivent avoir, en outre, un excès de puissance destiné à rétablir les pertes de la nuit, et cela, en un petit nombre d'heures. »

La troisième cause de perte de calorique agit par les fentes à travers les portes et le vitrage, l'air froid exerçant une pression pour entrer, tandis que l'air chaud en exerce une, en sens contraire, sur les fentes supérieures pour sortir, de manière qu'un courant d'air froid arrive incessamment, tandis qu'un courant d'air chaud s'échappe sans cesse, d'où il résulte un bienfait pour la santé des hommes, et pour celle des plantes, s'il s'agit d'une serre.

Aussi il y a une extrême difficulté à indiquer la quantité de tuyaux nécessaires, ainsi que la grandeur des appareils, car tant de causes influent sur le plus ou moins de chaleur que l'on doit donner à un local quelconque, que la complication qui en résulte ôte tout moyen de calculer juste. Ces causes peuvent se résumer ainsi :

Le degré de froid extérieur.

La complication qu'amènent les vents, qui pénètrent plus ou moins dans l'intérieur.

La position du local à échauffer à l'un des quatre points cardinaux.

La profondeur à laquelle est enfoncée la serre dans la terre, s'il s'agit d'une serre.

La proportion des fenêtres ou surfaces vitrées.

La quantité de portes ouvrantes et la fréquence de ces ouvertures.

Le degré de chaleur auquel chacun veut porter son local ou sa serre.

Quand on aura calculé la quantité maximum de combustible que l'on devra brûler par heure pour échauffer le local selon le besoin, en supposant un effet utile égal, au plus, aux deux tiers de la puissance calorifique de la nature du combustible, on pourra établir la surface de chauffe à 2 mètres carrés par kilog. de houille à brûler par heure.

1 kilog. de houille ou 2 kilog. de bon bois, donnent en réalité au moins 4500 unités de chaleur, toutes pertes déduites; on calculera aisément ce qu'il en faut brûler par heure pour tenir la serre au degré nécessaire, quand elle aura d'abord été chauffée au degré convenable.

CHAPITRE DEUXIÈME.

COMBUSTION ET COMBUSTIBLES.

COMBUSTION.

La production du feu est un phénomène encore inconnu. —Le résultat de la combustion rapide est un dégagement de lumière et de chaleur susceptible d'élever la température à un degré auquel il serait impossible à aucun être d'exister. — Comment se produit cette combustion? Ce que nous pouvons savoir, c'est que l'oxygène, en se combinant avec les corps, est l'agent principal du phénomène. — Ces corps portent alors le nom de combustibles. — Le bois qui échauffe nos foyers, l'huile qui brûle dans nos lampes nous donnent une idée familière de la chaleur et de la lumière produites par la combustion.

L'oxygène est incessamment mis en contact avec tout corps en ignition. — C'est ainsi que l'air fournit l'oxygène nécessaire à la combustion (*). Il est donc impossible de renouveler continuellement l'air qui produit le phénomène de la combustion; car chacun sait que, si la combustion s'opère dans une masse d'air qui est petite relativement au combustible employé, la combustion cesse faute d'aliment.

(*) L'air est composé de 79 parties d'azote et de 21 d'oxygène; l'azote étant nul dans l'acte de la combustion, nous ne parlerons pas de ses propriétés, utiles seulement dans l'économie animale.

La lumière accompagne presque toujours la combustion; mais elle semble ne se manifester réellement que lorsque la température du corps a atteint 500 degrés. Cette lumière s'annonce par un rouge obscur; puis, à mesure que la température s'élève, la flamme brille d'un éclat plus vif, elle devient presque blanche à une température très-élevée.

La flamme est donc due au développement de chaleur et de lumière qui a lieu dans la combinaison de l'oxygène avec des gaz combustibles.

On peut donner plus ou moins d'action à la combustion en diminuant ou augmentant le courant d'air qui traverse le lieu où s'opère le phénomène. De là une conséquence très-importante pour le chauffage : si on ajoute à la longueur du canal de la cheminée dans lequel le tirage est établi, le courant d'air augmente de vitesse, la hauteur de la flamme diminue, la chaleur devient plus intense et la lumière plus vive; si au contraire on diminue la longueur de ce canal ou si l'orifice de sortie en est trop rétréci, la vitesse du courant devient moindre, la flamme s'allonge et produit une chaleur moins vive, la lumière est moins éclatante.

Quand la combustion est complète, la quantité d'unités de chaleur qui s'en dégage reste constante pour la même quantité de combustible de même nature; mais cette quantité varie d'un combustible à un autre.

Les corps gazeux donnent, à la combustion, une température plus élevée que celle produite par les corps solides. Conséquemment les corps résineux ou produisant une plus grande quantité de gaz émettent une chaleur plus intense que les corps qui en sont dépourvus, ce dont il est facile de se convaincre par l'éclat de la flamme.

COMBUSTIBLES.

Pour obtenir un chauffage économique et rationnel, le combustible devrait être entièrement consumé par un courant d'air suffisant. Cet air ne doit pas être pris aux dépens de l'espace que l'on veut chauffer; enfin toute la chaleur développée doit être employée entièrement, autant que faire se peut, à échauffer l'air de l'espace qui doit la recevoir.

Le but d'employer toute la chaleur produite par le combustible serait atteint complétement, si la fumée était froide à la sortie de la cheminée. — Mais si on parvenait à ce point de perfection on aurait dépassé le but, puisqu'il faut, pour opérer la combustion, qu'un courant d'air passe continuellement sur le combustible. — Or, si l'air qui arrive dans la cheminée chargé des produits de la combustion n'est pas échauffé à un certain degré au-dessus de celui de l'atmosphère, cet air ne pourra s'élever dans la cheminée, le courant sera interrompu et la combustion n'aura plus lieu.

Le point de perfection que l'on doit désirer atteindre est d'obtenir que la fumée ne s'échappe pas au-dessus de 60 degrés.

Les corps combustibles seuls en usage pour le chauffage sont ceux dont l'hydrogène et le carbone forment les principaux éléments, tels sont : la houille ou charbon de terre, le bois, la tourbe, et les charbons-produits par ces différentes matières. D'après ce que nous avons dit précédemment, il est donc nécessaire de connaître la puissance calorifique que possède chacune de ces matières, afin de savoir d'abord quelle proportion on devra donner aux appareils, puis calculer la quantité à employer pour produire le degré de chaleur voulu. — La connaissance de cette puissance calorifique et le prix de chacun des combustibles indiquent celui qui réellement est le plus économique.

Nous pouvons considérer la nature et l'effet du combustible, soit employé dans son état naturel, soit préparé artificiellement. Le bois, la houille, la tourbe, etc., appartiennent à la première classe; dans la seconde sont compris le coke ou charbon de houille, le charbon de bois, les briquettes préparées, le charbon de tourbe, etc.

Dans tous les cas où il est nécessaire de procurer en peu de temps un feu très-ardent, ou de le soutenir avec une grande énergie, on ne peut se dispenser d'employer le combustible dans son état naturel; mais une chaleur modérée se soutient plus aisément et exige moins de soin si l'on se sert de combustible préparé; c'est aussi le moyen le plus économique d'obtenir une chaleur lente et régulière. Ainsi c'est le but qu'on se propose qui doit, en général, déterminer dans le choix du combustible qu'il convient d'employer. Dans un appareil de chauffage on doit chercher à porter le plus promptement possible l'eau à l'état d'ébullition, si l'appareil est à la vapeur; mais dès qu'elle y est arrivée il est très-économique d'entretenir un degré régulier de chaleur avec un combustible qui brûle lentement. A cet effet on peut employer avec grand avantage le coke, ou bien un mélange de houille et de poussier de houille, si on peut se procurer ces sortes de matières. — Le même principe s'applique à l'eau chaude en circulation, qui doit être entretenue à quelques degrés au-dessous du point d'ébullition.

« Les bois verts renferment des quantités d'eau assez inégales. D'après des expériences faites et indiquées par M. Peclet, sur 100 parties de bois vert, le noyer perd par la dessiccation 37,5; le chêne blanc, 41; l'érable, 48. Ainsi, il paraît que les bois renferment d'autant plus d'eau qu'ils ont une plus faible densité. On peut estimer, terme moyen, à 42 pour 100 la quantité d'eau que renferment les bois verts, à 30 ou 35 celles que renferment les bois de 4 à 5 mois de coupe qui sont employés au charbonnage dans les forêts, et seulement à 20 ou 25 celles que renferment les bois de chauffage ordinaires qui ont été exposés à l'air pendant huit à douze mois.

» Les produits de la combustion complète du bois sont uniquement formés de vapeur d'eau et d'acide carbonique. Mais quand la combustion n'est pas complète, il se dégage de la fumée, principalement formée d'eau, d'acide acétique, d'huile empyreumatique et d'une matière analogue au goudron. C'est à l'acide acétique qu'est due l'excitation de la fumée sur les yeux.

» L'acide carbonique est un gaz incolore, inodore, beaucoup plus lourd que l'air, incombustible et impropre à alimenter la combustion; pendant la combustion il s'élève dans l'atmosphère à raison de la haute température qu'il possède. »

Les différentes espèces de bois, réduits à un état parfaitement sec, peuvent donner *sous le même poids* une puissance calorifique peu différente; cependant, selon qu'ils sont plus ou moins compactes, ils n'atteignent pas tous le but qu'on cherche pour le chauffage: ainsi les bois légers dans leur structure brûlent avec plus de facilité que les bois serrés, la porosité des premiers permet plus aisément à l'air d'y pénétrer; ils éclatent par l'action de l'oxygène à la combustion et produisent de la flamme jusqu'à ce qu'ils soient consumés entièrement. — Il faut déduire de ceci que si l'espace que l'on veut chauffer est considérable ou que l'on ait besoin d'une température élevée, on devra employer des bois poreux et tendres ou refendus, comme donnant une flamme constante; que si au contraire on veut obtenir une chaleur modérée ou chauffer seulement un appartement ou une serre d'une étendue restreinte, il sera bon de brûler des bois compactes. — De même, si le bois est plus divisé, la puissance calorifique sera plus grande : la raison en est évidente, puisque dans cette supposition une moins grande quantité d'air échappera à la combustion et moins il y aura de perte de chaleur par la colonne d'air qui s'écoule.

Le bois de chêne très-sec dégage 3,300 unités de chaleur par chaque kilog. brûlé.

Le bois de chêne contenant encore 25 pour cent d'eau en dégagerait 2,740.

M. Peclet résume ainsi la puissance calorifique des bois :

Pour les bois *parfaitement desséchés* artificiellement, la puissance calorifique est de 3,600 unités de chaleur par kilogramme.

Pour les bois dans l'état ordinaire de dessiccation, qui renferment de 20 à 25 pour cent d'eau, la puissance calorifique varie de 2,800 à 2,700 unités de chaleur par kilogramme.

La voie de bois de Paris contient deux stères ou deux mètres cubes. — Le poids d'une voie de bois de chêne varie de 700 à 750 kilog.

Le bois à brûler nécessite un bien plus grand espace pour son emploi que le foyer où l'on consume du charbon de terre. Il est d'ailleurs avantageux de le couper en bûches petites et courtes, surtout quand on a besoin d'un feu vif.

La houille la plus estimée est celle de Saint-Étienne. La meilleure, comme produisant une flamme longue pour brûler sur les grilles des machines à chauffage, est celle de Mons; mais elles éprouvent par l'action du feu une sorte de fusion pâteuse qui intercepte le passage de l'air et détériore les grilles si le chauffeur n'y apporte pas tous ses soins.

Une autre variété de houille de Mons, connue sous le nom de *flénu*, est moins pâteuse; elle est également très-bonne pour le chauffage, mais dégage moins de calorique: ces houilles sont appelées grasses par le fait de l'agglutination des fragments lorsqu'elles sont en ignition.

Les houilles sèches donnent une flamme plus courte que les précédentes exposées au feu; les fragments ont peu d'adhérence, et leurs flammes ont peu de durée et ne produisent pas à beaucoup près une chaleur aussi intense.

Les houilles grasses ou compactes produisent de 7,200 à 7,900 unités de chaleur selon leur qualité.

Les houilles sèches ou schisteuses n'en produisent que 6,600 à 7,600.

Le charbon de bois et le coke sont des corps auxquels on a enlevé par la combustion imparfaite les parties volatiles que le bois et la houille renferment, et d'où ils proviennent. Ces deux matières se consument sans flamme; seulement, lorsqu'elles sont réunies en masse dans un foyer, étant dépourvues en grande partie des corps nécessaires à les maintenir en ignition, elles s'éteignent à l'air libre.

La qualité de la tourbe varie selon les endroits où elle se forme; elle dépend du plus ou moins d'écoulement des eaux, de la nature des plantes qui y croissent, de l'espèce, de la quantité d'alluvion déposée parmi les débris de la matière végétale. La pesanteur spécifique de la tourbe varie beaucoup, et, lorsqu'il ne s'y mêle pas de gravier, sa qualité, comme combustible, dépend en grande partie de sa densité.

La tourbe, en ne la considérant que comme combustible, peut être divisée en deux sortes : la première est compacte et pesante, d'une couleur brune tirant sur le noir, et n'offrant presque aucun vestige de son origine; c'est la meilleure espèce. Quand une fois elle a été allumée, celle-ci conserve le feu très-long-temps.

La seconde sorte est légère et spongieuse, de couleur seulement brune, et ressemble à une masse de plantes mortes et de racines qui n'ont éprouvé que très-peu d'altération. Celle-ci s'enflamme vite, mais se consume promptement.

La tourbe répand en brûlant une odeur désagréable; elle donne une chaleur douce, mais n'est guère propre à fournir un bon combustible pour le service des chaudières. Quelques espèces brûlent vite et donnent une flamme brillante; d'autres ne brûlent au contraire que lentement.

Prix relatif de différents combustibles, eu égard à leur puissance calorifique, calculés sur la valeur à Paris.

	Puissance calorifique de 1 kilog. établie à	Dépense pour obtenir 100,000 unités de chaleur.
Houille.	7500	» fr. 72 centimes.
Coke.	6000	» 97
Bois ordinaire.	2800	1 70
Charbon de bois.	7000	2 60

Il en résulte qu'à Paris ce qui coûte le moins, relativement au prix d'achat et à la production de chaleur, c'est la houille, ensuite le coke et le bois. Le charbon de bois est le combustible le plus cher. Dans cette appréciation la houille a été portée à 4 fr. 50 c. l'hectol. ras(*); le coke, à 2 fr. 25 c. l'hectolitre comble; le bois, 35 fr. la voie, et l'hectolitre de charbon de bois à 4 fr.

On conçoit que les calculs ont été faits par approximation et qu'il était difficile d'approcher de plus près, à cause des différences qui peuvent résulter de l'effet de variations de l'état sec ou humide, de la grosseur des morceaux, de la manière de mesurer et de la nature et provenance des houilles, des bois et des charbons.

Nous ne nous occuperons pas autrement du choix sous le rapport du prix, puisqu'il varie dans chaque localité.

(*) L'hectolitre de houille pèse de 80 à 88 kilog.

CHAPITRE TROISIÈME.

ÉTABLISSEMENT DES APPAREILS DE CHAUFFAGE.

SECTION Ire.

Foyers.

On construit souvent les foyers en briques. Mais l'intérieur, quand il y a une partie en contact direct avec la flamme, doit être en briques réfractaires, c'est-à-dire en briques de bonne qualité bien cuites, telles que celles dites de Bourgogne, et capables de résister au feu. Celles-ci doivent être liées entre elles avec de la terre à briques, et les autres avec de l'argile.

Si l'on forme des voûtes, il est nécessaire d'employer des armatures ou pièces de fer liées entre elles par les angles, pour serrer la masse de briques, et l'empêcher de se déformer et lézarder.

On recommande avec raison, quand il y a des parties épaisses, de laisser des espaces vides étroits dans l'intérieur de la maçonnerie, qui deviennent des espèces de réservoirs d'un air immobile, et qui offrent par conséquent une couche de l'un des plus mauvais conducteurs du calorique qui existent; cette disposition doit necessairement contribuer puissamment à conserver la chaleur dans l'intérieur du foyer des calorifères.

Le foyer se compose du canal qui donne passage à l'air, de la grille où l'on place le combustible et de l'espace au-dessus, où a lieu le développement de la flamme.

Les cendres ou scories tombent au fond de ce canal, qui sert de cendrier.

Dans les poêles et calorifères, quel que soit le combustible que l'on brûle, il est essentiel qu'il soit placé sur une grille et que l'air arrive par-dessous; car, s'il vient lancer son souffle de côté, une grande partie passera au-dessus de la flamme et refroidira l'air chaud et le calorifère au lieu d'échauffer. La simplicité de forme de ces foyers ne doit donc pas être une raison de les admettre, d'autant qu'ils ne peuvent servir si l'on doit brûler de la houille, laquelle ne peut être mise en état de vive combustion que sur une grille; autrement cette combustion serait languissante et d'un effet incomplet.

L'air devra arriver par un canal pratiqué au-dessous de la grille, comme on peut voir dans la fig. 16, *f*; 17, H; 25, *c*, etc.

Ce canal devra avoir un orifice moitié plus grand que celui du tuyau à fumée; il sera ouvert ou fermé à volonté par une porte bien close, et, par ce moyen et par la fermeture du registre ou *clef* du tuyau, la circulation de l'air sera interrompue quand le feu ne donnera plus de fumée; l'on évitera ainsi le refroidissement de tout l'appareil.

La prise d'air peut avoir lieu au dehors ou au dedans du local où le calorifère est placé. Si elle a lieu au dedans, elle offre l'avantage de servir à une partie de la ventilation; si on établit la prise au dehors, la pression atmosphérique produit un tirage plus fort et une combustion plus active que, en tout cas, on est toujours libre de modérer au moyen des registres.

La grille est en fer fondu quand on est à même de s'en procurer, sinon on peut la faire fabriquer en fer de barre.

La disposition de la fig. 1re est préférable en ce que, la hauteur des barreaux étant plus grande au milieu qu'aux extrémités, ils résistent mieux à la pression, à laquelle ils ne résisteraient pas lorsque le fer est rouge. L'épaisseur diminue de haut en bas pour faciliter l'accès de l'air, la chute des scories, et permettre le jeu du fourgon plat et recourbé que l'on promène entre les barreaux pour les dégager. L'épaisseur des barreaux, au milieu, peut avoir le double de la largeur.

Quand on doit brûler de la houille, les grilles doivent être beaucoup plus grandes que pour le bois, parce qu'il faut moins d'air pour brûler le bois, et parce que les ouvertures ne sont pas sujettes à s'obstruer.

M. Peclet admet que la grille doit avoir 30 cent. carrés

pour brûler à la fois 10 kilog. de bois, on diminuera à proportion pour une quantité moindre.

Les grilles se placent horizontalement; cependant une inclinaison de 3 à 4 cent. vers le fond est utile pour les combustibles qui donnent beaucoup de flamme.

L'espace qui est au-dessus de la grille est le foyer proprement dit. Sa hauteur doit être assez grande pour avoir la place du combustible et pour permettre à la flamme de se développer.

On devra proportionner la quantité de ce combustible de manière qu'il n'y en ait pas de trop et que l'air puisse le traverser; car s'il était trop serré, il se dégagerait beaucoup de fumée et la combinaison des gaz serait défavorable à l'échauffement de l'appareil. Si on ne mettait pas assez de combustible, il passerait trop d'air pour qu'il pût servir entièrement à la combustion, et l'effet utile ne serait pas même en proportion du combustible employé. Il faudra donc éviter une fumée abondante qui salit en chauffant peu, et un feu trop peu alimenté qui laisse passer de l'air en plus grande abondance qu'il n'est nécessaire.

Si le foyer est placé sous une chaudière, il faut éviter deux écueils : étant trop rapprochée de la flamme, elle en éteint une partie, parce que l'eau est plus froide qu'elle, et, par suite, mauvaise combustion et abondance de fumée; tandis que, si elle en est trop éloignée, le rayonnement ne lui arrive qu'en partie, il y a perte d'effet calorifique pour la chaudière, et l'air s'échappe trop chaud.

Nous parlerons ailleurs de la hauteur du foyer des calorifères à air chaud.

Le foyer d'un calorifère à eau, suivant la forme de ceux de M. Grison, fig. 47-48, peut avoir une hauteur de 20 à 25 centimètres entre la grille et la chaudière, si on doit brûler du bois. Si on doit employer de la houille seulement, on donnera un tiers d'espace de moins.

Une porte carrée de 25 cent., au plus, peut suffire aux calorifères à eau.

On doit toujours laisser une distance d'au moins 20 cent. entre la place où a lieu la combustion et la porte, afin d'éviter que celle-ci ne rougisse et ne fasse perdre la chaleur du foyer. Les meilleures portes se font en fonte; si on les fait en tôle, il faut qu'elles aient au moins 2 mill. d'épaisseur, qu'elles soient bien dressées et qu'elles s'appliquent très-juste sur le châssis qui les supporte. Si on adapte derrière une porte, et parallèlement, à 3 cent. de distance, une plaque de fonte ou de fer battu, on évitera les inconvénients que nous avons signalés : qu'elle puisse rougir et faire perdre du calorique.

Si on adapte derrière une porte un emboîtement qui puisse recevoir une épaisseur de 3 à 4 cent. de terre à briques, on évitera les mêmes inconvénients, et on pourra, si on a peu de place, rapprocher la porte de la place où est le combustible.

On a donné, fig. 1 *bis*, une chevrette formée d'un morceau de barre de fer et de quatre bouts de tringle épaisse placés en croix et rivés aux extrémités. Cette chevrette ne peut être renversée comme les autres, puisqu'elle roule sur elle-même quand on la pousse en plaçant le bois. Cet instrument ne sert que dans les foyers où l'on n'a pu employer une grille.

SECTION II.

Cheminées, foyer d'appel.

Une cheminée est destinée : 1° à rejeter à une hauteur plus ou moins grande dans l'atmosphère les produits de la combustion, des fragments du combustible plus ou moins dénaturé, et les produits d'une espèce de distillation ; des matières hydrogénées, huileuses, etc., tous produits incommodes et dont il est essentiel de se débarrasser le plus complètement possible ; 2° à produire, au moyen de ce qu'on appelle vulgairement le tirage, une précipitation rapide et abondante de l'air sur le combustible, et par là donner de l'activité à la combustion, qui produit d'autant plus de chaleur qu'elle est plus rapide.

S'il était rigoureusement possible, dans tous les cas, de donner aux cheminées les dimensions justement convenables à leurs usages, il faudrait proportionner ces dimensions à la quantité d'air exactement nécessaire pour la combustion du combustible qu'on voudrait introduire à la fois dans le foyer.

Pour que dans tous les instants l'activité de la combustion reste à peu près la même, il devient indispensable d'introduire une masse d'air qui, parfois en excès, garantisse du moins dans tous les cas du danger d'extinction ou de trop grand ralentissement.

D'après diverses expériences confiées à des praticiens habiles, on peut admettre que les quantités d'air qui suivent sont nécessaires pour la combustion des divers combustibles les plus universellement employés :

	Mètres cubes
Pour un kilogramme de bois au degré de dessiccation ordinaire sur les chantiers.	5 50
Pour un kilogramme de bonne houille ordinaire.	18 »
Pour un kilogramme de coke (charbon de houille)	15 »
Pour un kilogramme de charbon de bois. . . .	17 »
Pour un kilogramme de tourbe.	9 »

Cette base approximative mettra à même, dans tous les cas particuliers, de déterminer la quantité d'air nécessaire pour une combustion suffisamment rapide, et pour obtenir dans un temps donné l'effet calorifique nécessaire.

Quant à la hauteur à donner aux cheminées, il est, dans tous les cas, très-avantageux que, dans les limites commandées par la prudence, sous le rapport de résistance à l'action des vents, elle soit la plus grande possible. Nous parlons ici de la hauteur verticale et absolue, abstraction faite de l'augmentation de longueur du canal par le développement des surfaces de dévoiement et d'obliquité ; en un mot, de cette hauteur qui mesure celle de la colonne d'air échauffé qui produit le mouvement ; car, pour ce qui est de la longueur du canal dans toutes les directions, elle peut se composer de circuits d'une grande étendue pour le cours de la fumée dont on veut mettre à profit la chaleur.

La hauteur que nous conseillons de donner aux cheminées, afin d'augmenter leur tirage, a pour effet utile d'ajouter considérablement à l'activité de la combustion : condition, dans tous les cas, avantageuse à la calorification ; car plus la température du foyer est élevée, moins il y a d'air qui échappe à la combustion ; et l'observation a prouvé que les feux languissants sont tellement défavorables, comparés à ceux qui ont plus d'activité, que même pour l'évaporation de l'eau (qui est peut-être le cas où la promptitude du développement est le moins essentielle) les appareils étaient d'autant plus productifs que le feu était plus ardent, et cela dans un rapport qui augmente rapidement avec les températures.

Dans aucun cas il ne peut y avoir d'inconvénient à disposer une cheminée pour un grand tirage, puisqu'on reste toujours maître de le modérer à volonté au moyen de soupapes ou de registres que l'on peut placer dans les parties de la cheminée où il paraîtra le plus convenable de les fixer.

La chaleur entraînée par la fumée dans une cheminée, et qui est un élément essentiel du tirage, est bien loin d'être en totalité employée pour cet effet utile. Il s'en perd continuellement par les parois de la cheminée. Voilà pourquoi, dans le cas de cheminées en poterie mince et surtout en tuyaux de fonte, on voit se ralentir si facilement et si fréquemment le tirage.

En résumé, il sera toujours avantageux, pour obtenir un bon tirage dans les cheminées, de leur donner : 1° le plus de hauteur possible ; 2° le plus grand diamètre, pourvu qu'au moyen d'une épaisseur suffisante des parois on obvie au refroidissement que le développement des surfaces tend à produire, et que, par le rétrécissement de l'orifice supérieur (*), on conserve à l'air chaud qui s'écoule dans l'atmosphère le degré de vitesse suffisant.

Il est d'abord évident, puisque pour une même substance le refroidissement diminue avec l'épaisseur, qu'il sera dans tous les cas avantageux de donner aux parois des cheminées toute l'épaisseur compatible avec les moyens d'exécution.

La meilleure de toutes les constructions serait une cheminée en fonte revêtue de fortes briques ou de toute autre matière peu conductrice.

Cependant, comme l'emploi de la fonte est coûteux, et que les cheminées en tôle, d'ailleurs plus légères à raison de leur peu d'épaisseur et plus économiques, ont l'inconvénient de s'oxyder avec une grande rapidité, on se trouve, dans le plus grand nombre des cas, forcé d'en revenir à l'emploi des briques.

Les frottements s'opposant à la vitesse de l'ascension de l'air dans les cheminées et par conséquent à la bonté du tirage, et les frottements étant d'autant plus considérables sur les parois intérieures d'un tube quelconque que la forme du tube s'éloigne de la circulaire, il en résulte que, de toutes les formes à donner aux conduits des cheminées, c'est cette dernière qui est la plus avantageuse : c'est d'ail-

(*) « Lorsqu'une cheminée, dit M. Peclet, est rétrécie à sa partie supérieure, la vitesse de l'air dans le canal de la cheminée est diminuée, et par suite le frottement ; alors une plus grande partie de la pression génératrice de l'atmosphère vers le foyer est conservée et par conséquent la vitesse d'écoulement par l'orifice doit être d'autant plus grande que l'orifice est plus petit par rapport à la section de la cheminée. »

leurs celle avec laquelle doivent le plus rarement s'établir les doubles courants d'air si préjudiciables au tirage.

Mais, la forme circulaire de chaque section d'une même cheminée étant adoptée, reste encore à déterminer s'il convient plutôt d'avoir un cylindre, fig. 2, qu'un cône, fig. 3. Cette dernière disposition est la plus généralement adoptée.

On a d'ailleurs moins de difficulté à construire une cheminée absolument cylindrique, c'est-à-dire dont le diamètre soit égal à celui de l'orifice supérieur.

Si l'on est obligé d'élever des tuyaux en briques pour servir de cheminées à dégager la fumée, on devra faire fabriquer des briques d'une forme telle que six assemblées puissent former une construction très-solide, croisées l'une sur l'autre suivant le dessin de la fig. 4. Deux modèles, celui de la brique x et celui de la brique y, suffisent, sans occasionner plus d'embarras ni plus de dépense, sauf celle des deux moules. On peut donner à l'intérieur depuis 15 jusqu'à 25 centimètres de diamètre.

Relativement à la direction des cheminées, il est évident que la meilleure disposition est la verticale, quand les localités le permettent; car, dans leur contournement ou simplement leur inclinaison, la pression qui produit le mouvement dépend uniquement de la différence de hauteur des deux orifices, tandis que les frottements s'exercent et la déperdition de chaleur a lieu sur la longueur totale du conduit.

Si deux tuyaux à fumée débouchaient dans un même canal de cheminée vis-à vis l'un de l'autre, il faudrait rapporter entre eux une cloison, pour éviter le désordre qui en résulterait, surtout si la force et la vitesse n'étaient pas égales : bien entendu que le tuyau où on en ferait arriver deux aura une section double.

En général, on fera toujours bien de placer un coude, et même un bout de tuyau, toutes les fois qu'un tuyau débouchera dans une cheminée ou dans un tuyau plus large, soit qu'il y ait un courant venant de plus bas, soit que le bas du canal soit bouché.

Si on emploie de la tôle ou de la fonte à l'extérieur, on fera toujours bien de les enduire d'une couche de peinture à l'huile, pour éviter l'oxydation, et de les entretenir dans cet état. Au moins faudrait-il leur donner une couche de chaux.

Appareils employés au sommet des cheminées pour éviter le refluement de la fumée.

On emploie fréquemment à cet effet deux tuiles ou plaques en plâtre posées sur les bords de l'orifice d'une cheminée, et disposées en angle dont le sommet est supérieur, et formant une mitre; mais cet appareil, outre qu'il ne présente pas de solidité, est incomplet pour le but qu'on se propose, puisque, étant ouvert des deux côtés, il n'évite pas toujours le vent et les pluies, bien que ces tuiles soient placées dans une direction contraire à celle du vent dominant le plus souvent.

L'appareil le meilleur pour les cheminées isolées est celui représenté fig. 5 : il consiste en une calotte de tôle demi-sphérique plus large, et dont les bords descendent plus bas que l'orifice du tuyau. Cet appareil est un très-bon obstaele au refoulement du vent dans le canal de la cheminée. —Le T et le double T (fig. 6), ainsi que l'appareil (fig. 7), connu sous le nom de bonnet de prêtre, sont efficaces pour soustraire dans beaucoup de cas les cheminées à l'action des vents.

Un autre appareil mobile, fig. 8, 9, est très-propre à augmenter le tirage des cheminées; c'est un cône allongé embrassant l'orifice de la cheminée, et maintenu à son sommet sur un axe en fer *a*, supporté à sa base sur une tige horizontale *b*, maintenue par les parois du tuyau; par sa mobilité, l'ouverture de sortie de la fumée est toujours dirigée du côté opposé au vent, si peu qu'il en fasse, de telle sorte que celle-ci tend à prendre la même direction. Le cône pointu indique la position qu'il prend selon le côté où le vent pousse. Cet appareil fait du bruit au bas de la cheminée et serait gênant dans une habitation.

Quand on allume le feu dans un poêle ou un calorifère dont le tuyau de conduite de la fumée ou la cheminée sont verticaux et d'une section assez large, l'air, à mesure qu'il s'échauffe, tend à monter avec rapidité, et le tirage se fait promptement. Mais si les tuyaux sont placés obliquement, comme dans la fig. 23, et ont un parcours considérable; ou si l'air est chargé d'humidité, le feu que l'on fait dans le foyer ne peut avoir assez d'action pour chasser la colonne d'air des tuyaux, l'air ne peut se renouveler, une grande fumée se forme, et le feu ne prend pas. On préviendra cet effet en plaçant, à l'endroit où les tuyaux cessent d'obliquer, c'est-à-dire au point où ils se joignent à un tuyau ou à une cheminée dirigés verticalement, un foyer d'appel. Cet appareil est un petit poêle de tôle M, fig. 10, de 18 centimètres carrés; un tuyau N se rend dans la cheminée P. On allume dans ce foyer une poignée de copeaux; l'air en contact avec cette partie se dilate, devient d'un poids spécifique moindre, il tend à monter; le vide se fait dans la cheminée P, et toute la colonne d'air contenue dans les tuyaux, et dans le trajet qu'elle a à parcourir dans le calorifère, est attirée et s'élève avec vitesse dans la cheminée. Les horticulteurs qui ont à placer dans leurs serres des tuyaux, non-seulement obliques, mais même entièrement horizontaux, dans un parcours qui, quelquefois, n'a pas moins de 20 mètres, connaissent fort bien ce moyen et l'emploient avec succès. Il est essentiel que le tuyau N n'arrive pas horizontalement dans la cheminée P, car le mouvement d'air qu'il y projetterait, empêcherait l'effet que l'on se propose d'obtenir, c'est-à-dire un courant ascendant. Il faut, au contraire, qu'il lance son propre courant obliquement et le plus près possible de la ligne verticale.

SECTION III.

Principes sur les proportions des appareils et sur leur emplacement.

« Il est important, dit M. Darcet, de proportionner la grandeur et la puissance des appareils aux effets que l'on veut produire, car un appareil trop grand coûterait trop d'achat et d'établissement, tandis qu'il faudrait, en se servant d'un appareil trop petit, y pousser continuellement le feu au point de le détruire promptement et d'y altérer la pureté du courant ventilateur. »

Il nous paraît à peine nécessaire de faire la remarque que le même appareil, dès qu'il peut échauffer au maximum de 35 degrés, soit 20° au-dessous de 0 à l'extérieur, et 15 au-dessus à l'intérieur (si c'est pour un appartement ou une serre chaude), pourra également échauffer à quelques degrés seulement, puisque la quantité de combustible que l'on emploiera et la quantité de chaudes à donner régleront la température que l'on jugera à propos d'atteindre.

La capacité de la chaudière (la quantité d'eau qu'elle contient) n'influe en rien sur l'emploi utile du combustible. C'est seulement la surface de la partie exposée au feu, c'est-à-dire ce qu'on appelle *surface de chauffe*, qui transmet la chaleur. En conséquence, cette surface est la seule chose à combiner de manière à enlever à l'air chaud que produit le combustible la plus grande quantité qu'il sera possible de calorique.

Suivant l'indication de M. Peclet, on pourra compter un mètre carré de surface de chauffe pour 3 à 4 kilogrammes de houille, ou 6 à 8 kilog. de bois à brûler par heure, dans les moments où il faudra chauffer au plus haut degré. On pourra compter une surface double dans les thermosiphons.

L'air s'échauffant parce que le calorique tend continuellement à monter, tandis que l'air froid le remplace, il est naturel de penser que le calorifère, quel qu'il soit, doit toujours être placé à la partie inférieure du local.

Le foyer peut être établi dans une pièce autre que celle ou celles à échauffer; mais cependant on fera toujours mieux de le placer dans un local où l'on puisse profiter de ce qui s'échappera de chaleur, fût-ce même un corridor ou un escalier.

Si le fourneau d'un calorifère ou la chaudière d'un thermosiphon sont placés dans un souterrain ou dans un lieu quelconque où ils ne doivent pas émettre de chaleur, mais d'où, au contraire, la chaleur doit être envoyée dans les pièces à échauffer, il sera nécessaire d'isoler l'appareil, en disposant ses tuyaux de manière qu'ils ne laissent pas échapper de calorique depuis ce lieu jusqu'à celui où ils doivent émettre leur chaleur.

Le fourneau sera isolé par une enveloppe ou bâtisse en argile ou terre cuite assez épaisse pour que la chaleur ne puisse passer.

Les tuyaux seront isolés des corps environnants par des enveloppes de mousse ou de sciure de bois tendre, de charbons écrasés, de laine, le tout tenu très-sèchement; ou bien d'argile mêlée à de la paille hachée, à de la bourre ou poils d'animaux, etc. Le tout peut être renfermé dans un conduit maçonné.

SECTION IV.

Des divers appareils de chauffage.

On désigne en général par le mot *calorifère* les divers appareils propres à échauffer plus ou moins économiquement les appartements, les serres, les étuves, les séchoirs et les grands établissements publics.

On peut diviser en trois groupes, les diverses constructions pyrotechniques et les différents modes de chauffage :

1° Les calorifères à air ;

2° Les calorifères d'eau ou thermosiphons ;

3° Les calorifères par la vapeur d'eau.

Parmi les premiers se trouvent les constructions les plus généralement répandues jusqu'à présent, si l'on y comprend surtout les diverses espèces de cheminées et les poêles.

Article premier. — *Cheminées et poêles.*

Les cheminées, telles qu'anciennement on les construisait, étaient certainement le plus vicieux de tous les moyens de chauffer : en effet, elles n'utilisaient qu'une partie très-minime de la chaleur développée par les combustibles qui y brûlaient.

Rumford améliora la construction des cheminées en rétrécissant l'ouverture du foyer, en sorte que la quantité d'air chaud entraînée dans le courant fut bien moins considérable. Aussi la quantité de chaleur utilisée a-t-elle été plus que doublée depuis l'emploi de diverses constructions très-ingénieuses, telles que les cheminées à parois très-évasées, celles à tablier mobile.

Les cheminées à foyer mobile ont réalisé une bien plus grande partie de l'effet des combustibles, et surtout ont permis de mieux profiter du rayonnement du calorique ; sous ces rapports elles ont pu approcher de l'effet utile des cheminées à la Désarnod sans former un avant-corps volumineux comme celles-ci dans les appartements. Cependant les cheminées en fonte de Désarnod réalisent une plus grande proportion de la chaleur des combustibles. Au reste, ces appareils peuvent être considérés comme des poêles, puisqu'ils se placent en entier dans l'intérieur des chambres, et quelquefois même éloignés du corps de cheminée, auquel ils communiquent par des tuyaux qui traversent l'appartement. Si la longueur des tuyaux était assez grande pour que la fumée en sortît constamment au-dessous de 100 degrés, la chaleur utilisée équivaudrait à peu près aux 9/10es de celle développée par la combustion dans ces calorifères. Le seul point de ressemblance qu'ils aient avec les cheminées proprement dites, c'est que, comme elles, ils laissent voir le feu, et l'habitude qu'en ont beaucoup de gens dans presque tous les pays a fait pour ainsi dire de cette vue un besoin. C'est du moins une fantaisie si généralement répandue que les meilleures constructions pyrotechniques y seront peut-être toujours assujetties.

Description de la cheminée de Désarnod.

Un réservoir à air horizontal forme la base de cette cheminée, fig. 11 et 12 : il est placé dans une boîte comprise entre les plaques A B et C D. La première est posée sur des tasseaux en briques qui laissent à l'air extérieur un libre accès pour arriver par un conduit établi sous le plancher. Cet air circule sous la cheminée, et passe ensuite par des ouvertures pratiquées dans une plaque située entre celles A B et C D : il suit plusieurs sinuosités kl, lk, formées par des diaphragmes parallèles et verticaux au moyen de lames en fonte ; après ce trajet il s'introduit entre deux autres plaques x, formant un réservoir placé dans l'intérieur de ces cheminées, d'où il s'échappe, chaud, par deux ouvertures pratiquées latéralement et correspondant au réservoir x, pour se répartir dans plusieurs cylindres verticaux y établis à l'extérieur sur deux des côtés, et desquels il sort pour se répandre dans l'appartement par des bouches de chaleur garnies d'un couvercle à charnière qu'on peut ouvrir ou fermer à volonté.

Pour régler l'accès de l'air et en diriger à volonté un courant plus ou moins rapide sur le combustible, et pour produire en quelque sorte l'effet d'un soufflet, Désarnod a pratiqué deux plaques mobiles et glissant l'une sur l'autre dans des rainures MN : elles sont placées sur le devant de l'appareil, et on peut les hausser ou les abaisser au moyen d'une manivelle fixée à l'axe d'un cylindre sur lequel s'enroule une chaîne qui suspend les plaques mobiles. Celles-ci sont arrêtées à la hauteur voulue par une roue à rochet.

La fumée s'élève jusqu'à la plaque supérieure, passe derrière le réservoir vertical x, et descend jusqu'à la base, où elle trouve, à droite et à gauche, deux ouvertures par lesquelles elle s'échappe en passant par deux tuyaux g qui se réunissent avant d'arriver dans celui de la cheminée en maçonnerie.

Dans les expériences comparatives qui ont été faites, on a trouvé que 33 kilogrammes d'un combustible brûlé dans la cheminée de Désarnod produisaient autant d'effet que 100 kilogrammes du même combustible brûlé dans une bonne cheminée ordinaire.

A l'aide des cheminées de Désarnod, on peut se procurer dans l'intérieur des appartements un renouvellement d'air continuel, condition de salubrité fort importante.

On a modifié les cheminées de Désarnod en simplifiant leur forme et en les rendant plus faciles à transporter et plus économiques dans leur construction, mais ces changements ont eu lieu aux dépens de l'effet utile du combustible.

Cheminée et poêle de Curaudeau.

Nous donnons, fig. 13, le dessin de la cheminée que Curaudeau a fait exécuter : elle se compose d'un foyer A ; ce foyer se rétrécit vers la partie supérieure, pour conduire les produits de la combustion dans un fort tuyau de fonte BC. Arrivé là, le courant se divise en deux parties et parcourt ensuite successivement, de haut en bas, les divers conduits qui sont pratiqués, avant de parvenir au tuyau principal M. Le contact avec toutes ces surfaces métalliques échauffe considérablement l'air dans les espaces P, et cet air se répand dans la chambre par des bouches de chaleur.

Plus tard Curaudeau a proposé une modification à sa cheminée, consistant à séparer entièrement le foyer où se fait la combustion du tuyau qui sert à concentrer la chaleur ; il prescrivait de donner aux parois du foyer l'inclinaison la plus propre à renvoyer la chaleur rayonnante et à diriger le gaz dans un tuyau central. L'auteur se proposait par là de porter dans le système des tuyaux de tôle la facilité de l'emboîtement, et d'affecter une distribution propre à retenir toute la chaleur et à la transmettre promptement. Enfin, il voulait conserver aux cheminées leur forme ordinaire ; à cet effet, l'auteur plaçait son appareil dans une autre cheminée en maçonnerie derrière une glace, après en avoir recouvert le parquet d'un tissu.

Curaudeau a aussi proposé des appareils de chauffage en forme de poêles. Ceux-ci ont beaucoup de rapport avec ses cheminées. La fig. 14 représente la coupe d'un de ces poêles. A est la porte du foyer. Les produits gazeux ou vaporeux de la combustion s'élèvent, descendent ensuite, puis remontent en circulant autour des chicanes qu'ils trouvent sur leur passage; ce qui est indiqué par les flèches tracées sur le dessin. Ces produits se réunissent enfin dans le tuyau M, tandis que l'air échauffé par cette circulation est répandu dans l'appartement en sortant par les bouches de chaleur B C.

Les expériences comparatives faites par le comité consultatif des arts ont constaté qu'avec 20 kilogrammes et demi d'un combustible on obtenait, avec le poêle de Curaudeau, un effet calorifique égal à celui produit par 100 kilogrammes du même combustible brûlé dans une cheminée ordinaire.

Dans beaucoup d'habitations confortables modernes, un calorifère placé dans une cave envoie dans les escaliers et dans toutes les chambres un courant d'air échauffé; ce qui n'empêche pas de conserver dans plusieurs de ces appartements, et surtout dans les salons, des cheminées ouvertes dans lesquelles on peut voir le feu. Un des plus beaux modèles de ce genre peut se voir à l'hôtel des monnaies de Paris; il utilise la chaleur excédante de la carbonisation de la houille qu'on convertit en coke pour les besoins des ateliers du monnayage. Sa construction est due à M. Darcet.

Les poêles de Suède, de Russie et d'autres contrées septentrionales sont de véritables calorifères appliqués à des maisons tout entières.

Dans diverses autres constructions pyrotechniques que l'on pourrait appeler, comme elles, cheminées-poêles, on adapte assez ordinairement aussi une plaque verticale glissante, qui est destinée à régler ou supprimer à volonté l'entrée de l'air, et à exciter une combustion vive sur un point lorsqu'on commence à allumer le feu; cette plaque est mue par un cylindre caché dans la maçonnerie, sur lequel s'enroulent les deux chaînes et les contre-poids qui la suspendent.

Au moyen de cette construction, à présent bien connue, on met à profit une partie de la chaleur que les parois du foyer absorbent.

On parvient encore à réaliser une économie notable en plaçant dans le corps des cheminées, ainsi que dans l'âtre, autour et au-dessus du foyer, des tuyaux ou de doubles enveloppes, entre lesquelles l'air s'introduit et gagne successivement les parties élevées en s'échauffant et devenant plus léger; il arrive enfin dans l'appartement par une issue qu'on lui a ménagée au-dessus du foyer, de manière que cet air chaud ne puisse être attiré par le courant de la cheminée.

Les cheminées de Curaudeau sont d'une construction analogue à celle-ci, et constituent comme elle des calorifères cachés. Si l'on compare, sous le rapport de l'effet utile qu'ils peuvent produire, les constructions et appareils de chauffage indiqués ci-dessus, on trouve les résultats suivants :

Cheminées anciennes, 3 dixièmes.

Cheminées de Désarnod, 9 et 1/2 dixièmes.
Poêle de Curaudeau, 9 dixièmes.

Les combustibles les plus avantageux pour le chauffage des cheminées sont ceux qui ont un plus grand pouvoir calorifique rayonnant.

L'orifice d'une cheminée étant diminué, autant qu'il se peut, on réduit conséquemment le volume d'air qu'appelle la cheminée sans servir à la combustion. Dans cette condition, une cheminée de grandeur ordinaire donne à l'appartement environ un quart de la quantité de chaleur rayonnée par le combustible; mais on obtiendrait un plus grand degré de chaleur, si les parois du foyer étaient construites de matériaux ayant un grand pouvoir émissif. On atteindra de bons résultats si pour combustibles on emploie de la houille ou du coke commun, donnant une chaleur rayonnante plus forte que celle du bois.

On emploie généralement et avec raison les poêles, et surtout ceux en terre ou à eau chaude, dans les pièces d'une certaine étendue, comme les antichambres, les salles à manger, pièces où on séjourne généralement peu, parce qu'ils peuvent n'être alimentés que deux ou trois fois dans une journée en raison de leur refroidissement, qui s'opère lentement. Ces appareils sont avantageux aussi lorsque les salles où ils sont construits sont contiguës à d'autres pièces ayant des cheminées, et qu'on peut les employer à échauffer l'air appelé par ces cheminées; mais, pour que ce double but soit atteint, nous recommanderons : que les tuyaux intérieurs des poêles soient larges, et que l'ouverture servant à communiquer l'air échauffé dans les pièces à cheminée soit aussi d'une bonne proportion; que les bouches de chaleur, ayant au moins 10 centimètres de diamètre, ne soient pas trop obstruées par les plaques découpées ou des toiles métalliques à mailles serrées, trop souvent employées. Les bouches doivent avoir leur orifice bien dégagé, parce qu'elles permettent, eu égard aussi à la largeur du canal qui appelle l'air extérieur, de fournir un volume d'air considérable à une température moyenne. C'est toujours un inconvénient d'échauffer l'air trop vite et trop fortement; car, outre la mauvaise odeur qui se dégage, l'air chaud s'échappe avec une trop grande vitesse, et ne produit pas l'effet qu'on pourrait en attendre: il est reconnu aujourd'hui que, la quantité d'air augmentant avec la plus grande proportion des canaux qui le conduisent, la chaleur transmise est d'autant plus grande que l'air échauffé, exposé aux surfaces de chauffe, est à une basse température.

Les poêles de toutes sortes produisent le chauffage le plus économique, parce qu'ils utilisent, quand ils ont beaucoup de tuyaux, presque toute la chaleur de leur foyer. Mais, comme ils ne produisent qu'une ventilation incomplète, et que d'ailleurs les matériaux dont ils sont construits laissent émaner des gaz nuisibles, ils sont insalubres.

Cependant il sera toujours facile d'en établir de salubres quand on voudra, en les construisant avec une double enveloppe et avec un canal d'appel d'air de ventilation d'une ouverture suffisante.

Ceux-là prennent, selon l'usage, le nom de *calorifères*.

Les calorifères que l'on place dans l'intérieur des locaux à échauffer ont le même inconvénient que les poêles, quand il n'y a pas de dispositions pour le renouvellement de l'air par un courant pris à l'extérieur.

Mais quand, soit que le calorifère ait sa place dans le local, soit au dehors, il est établi de manière à avoir un renouvellement d'air pris au dehors, il devient salubre.

Article II. — *Calorifères à courants d'air.*

Les constructions ainsi dénommées servent en général à échauffer *lorsqu'il est utile de renouveler l'air en même temps qu'on l'échauffe* constamment ; ce qui a lieu le plus ordinairement dans les salles de spectacle, les hôpitaux, les ateliers, et partout où l'on veut jouir du bienfait d'un air renouvelé.

Dans l'emploi de ces appareils on a pour objet de chauffer l'air dans un espace fermé, et de le porter ensuite dans d'autres lieux que l'on veut échauffer.

La chambre de chauffage doit être au-dessous de l'espace que l'on veut alimenter d'air chaud, afin que cet air puisse, de lui-même, par sa plus grande légèreté spécifique, gagner le lieu auquel on le destine.

L'appareil doit être disposé de manière qu'il n'échappe que le moins possible d'air à la combustion, et que la fumée soit beaucoup refroidie au moment où elle est abandonnée. Ces conditions sont essentielles à l'économie du combustible.

Un calorifère n'est dans le fait qu'un grand poêle, assez semblable à ceux à l'aide desquels on chauffe les appartements, mais auquel on donne une surface de chauffe plus considérable.

Il est toujours plus avantageux de chauffer un grand volume d'air à une faible température qu'un plus petit volume à une température élevée ; parce que, le volume d'air qui se renouvelle sur les surfaces de chauffe étant plus considérable, une même étendue dans le même temps laisse passer plus de chaleur.

On connaît en général deux classes de calorifères : dans l'une l'air frais s'écoule dans des canaux placés dans le foyer et dans le canal de la fumée ; dans l'autre, au contraire, les tuyaux à fumée circulent dans la chambre à air.

Pour les calorifères à circulation d'air dans le foyer, la disposition la plus généralement employée est d'établir plusieurs rangées de tuyaux dans lesquels l'air frais est amené du dehors ; il s'y échauffe, et est porté par d'autres tuyaux dans les locaux à échauffer. Les calorifères fig. 26, 27, 30 sont dans ce cas.

La seconde classe, c'est-à-dire celle où il y a circulation des tuyaux de passage de la fumée dans l'air frais, est composée d'appareils qui sont tous formés d'une chambre ouverte par le bas pour donner accès à l'air froid, et dans le haut pour porter l'air chaud dans le lieu où il doit être utilisé. Cette chambre renferme un poêle métallique avec de longs tuyaux pour la circulation de la fumée avant qu'elle s'échappe dans la cheminée. Le calorifère de Désarnod, fig. 15, est dans cette dernière espèce.

Un calorifère à courant d'air se compose :

1° Du foyer A, fig. 15, 16, 17.

2° De la cloche posée sur le foyer et l'enveloppant quand il s'agit d'un calorifère à cloche, fig. 23, *ee*, 33, 35, A.

3° Des tuyaux emportant les produits de la combustion (ou air brûlé, les gaz, la fumée).

4° De la chambre de chaleur ou à air, espace dans lequel se réunit l'air chaud produit par les tuyaux à air ou par les conduits qui l'amènent autour du foyer, fig. 15 R, 27 EG, 29 G, etc.

5° Des tuyaux ou conduits quelconques qui reçoivent l'air frais pour l'échauffer aux environs du foyer, et le porter jusqu'aux pièces à échauffer, fig. 15 T, fig. 23; *p*, 25-26 27-28, G, 33, 35 O.

6° Du récipient à eau, fig. 26, 27, 30, *h i*.

7° Enfin de la construction en briques servant à envelopper le tout.

En décrivant, comme nous allons le faire, les différents appareils, on verra quelles sont la forme et la construction de chacune de ces parties.

Un des soins les plus importants à prendre dans la construction d'un calorifère est de combiner le rapport du foyer avec la cloche ou les tuyaux de manière qu'aucune partie du métal ne s'échauffe jusqu'au point de rougir.

Le métal qui environne le foyer ne doit pas devenir plus chaud qu'il est nécessaire pour dépasser 100 degrés. A un point plus élevé, l'air qui est en contact avec les surfaces métalliques se *suréchauffe* et devient insalubre pour les hommes comme pour les végétaux; outre qu'il répand une odeur désagréable produite par les poussières répandues dans l'air, et qui brûlent au contact de ces surfaces.

Quand il est question d'échauffer des étuves, des séchoirs, etc., où une chaleur très-élevée est nécessaire, et qui ne sont pas destinés à être habités par des ouvriers, on emploie des moyens plus puissants de chauffage.

On a tellement senti depuis quelques années la nécessité de ne produire par les calorifères qu'un air salubre, que M. René Duvoir, un de nos plus habiles constructeurs, ne compose plus d'appareils pour les habitations où le foyer soit entouré de métal sans que ce métal soit revêtu de briques jusqu'à la hauteur où l'action latérale du feu soit capable de porter la chaleur au rouge.

« La chaleur sèche des calorifères et des poêles, dit M. Peclet (page 225, tome II, 2ᵉ édit.), porte à la tête. Pour remédier à cet inconvénient, M. Picot a placé dans la chambre de chaleur un récipient plat en fonte, dans lequel on entretient une certaine quantité d'eau. L'air chaud se mêle ainsi à une suffisante proportion aqueuse. On renouvelle aisément l'eau par un bec qui se prolonge à l'extérieur, où il est fermé par un couvercle pour empêcher la communication de l'air chaud avec l'air extérieur. »

M. Darcet emploie le même récipient depuis trente ans. M. René Duvoir en a fait usage en 1832 pour le chauffage des salles de la Société d'encouragement.

Ce récipient forme une espèce de tiroir *h*, fig. 26, 27, 30 et 30 bis. Dans la figure de détail 30 bis, on voit le récipient *h* établi par M. Picot; un petit couvercle à charnière *j* se lève à volonté pour le remplissage.

Dans un calorifère de grande proportion le récipient peut avoir 45 centim. sur 16 et 12 de profondeur. Il a été modifié avec bonheur par M. René Duvoir, qui y a adapté une bouteille *i*, fig. 26, 27, 30, servant à le remplir sans que l'on s'en occupe aussi souvent.

Suivant le besoin de plus ou moins de moiteur, on donnera au récipient la longueur et la profondeur que l'on jugera à propos.

M. Delaire, jardinier en chef du Jardin-des-Plantes d'Orléans, sans avoir connaissance de ce procédé, l'a imaginé de son côté et en a fait l'application à un calorifère construit par un ouvrier peu habitué vraisemblablement à ce qui se pratique en ce genre, puisqu'il ne le lui avait pas indiqué.

Les tuyaux de conduite d'air chaud des calorifères se font ordinairement en fonte; il serait possible cependant, et nous le conseillons, de les remplacer par des tubes de terre cuite en les disposant de manière à pouvoir les remplacer en cas d'accident.

Un des inconvénients des calorifères à air chaud, c'est que cet air se refroidit dans les tuyaux. Aussi, quand le local à échauffer a une grande étendue, il faut établir plusieurs calorifères: car, quelque précaution que l'on prenne pour envelopper les tuyaux à air, afin qu'ils ne perdent pas leur chaleur, on ne peut néanmoins compter le faire parvenir dans un état de chaleur convenable à plus de 10 à 12 mètres de distance; tandis que l'eau chaude a porté la chaleur au palais d'Orsay à 165 mètres, et la vapeur, dans l'établissement d'horticulture de M. Loddiges de Londres, à 250 mètres. L'eau *éprouve* moins de frottement dans les tuyaux que l'air, parce que les surfaces sont mouillées et que l'eau frotte sur l'eau; tandis que dans le passage de l'air, celui-ci frotte sur les parois mêmes du tuyau.

Les tuyaux à fumée ne peuvent avoir moins de 16 à 18 centimètres de diamètre quand ils serviront à de grands calorifères, ou qu'ils devront avoir un parcours horizontal. Ils n'auront pas moins de 13 centim. pour les petits calorifères.

Ceux destinés à porter l'air chaud auront 15 centimètres au moins pour les plus petits calorifères, et 22 à 25 au plus pour les plus grands.

On combinera la capacité du canal d'accès de l'air avec celle des tuyaux à chaleur de manière qu'il en arrive autant qu'il en faudra pour fournir aux tuyaux distributeurs et aux bouches de chaleur.

Nous avons déjà dit que ce canal d'accès doit même fournir un excès sur la consommation.

La somme totale de l'air passant pour s'échauffer dans les tuyaux qui sont au foyer doit être égale à celle versée dans les diverses pièces du local par l'orifice des bouches de chaleur.

Les tuyaux de chaleur et leur double enveloppe peuvent être placés sous le carrelage dans toute leur longueur, en supposant même qu'ils fassent plusieurs circuits autour de la pièce que l'on veut échauffer. Cette disposition serait en outre fort commode, puisque les conduits de chaleur ne tiendraient alors aucune place.

La double enveloppe est la matière isolante, sciure de bois, mousse, charbon pilé, etc., dont nous avons parlé. Des ouvertures faites de distance en distance et fermées par des toiles métalliques ou par des registres ouvrant à volonté, servent d'issues à la chaleur pour la répandre dans la chambre ou dans la salle.

La vitesse de l'air dans les tuyaux, dans la chambre du calorifère et à sa sortie, est extrêmement faible, et l'influence des vents est très-grande; il peut même arriver, quand le vent est violent et dirigé en sens contraire de celui du mouvement de l'air qui tend à s'introduire dans les tuyaux, que ce mouvement n'ait pas lieu, et qu'au contraire l'air entre dans la chambre par la cheminée et sorte par les tuyaux. On obvie à cet inconvénient : 1° en plaçant au-dessus de la cheminée un appareil mobile, 2° en orientant le fourneau de manière que l'ouverture d'introduction soit en regard des vents les plus fréquents ; mais, quand les localités le permettent, il vaut mieux alimenter les tuyaux au moyen d'un large canal souterrain qui va s'ouvrir en plein air à la surface du sol, ou par une caisse que l'on peut ouvrir à volonté dans la direction du vent.

Dans la description des calorifères que nous avons jugés les plus essentiels à faire connaître et les plus utiles on verra quelle est leur construction, sans que nous soyons obligé d'entrer dans plus de détails préparatoires. Au surplus on devra consulter les articles *foyers, cheminées*, et *combustibles*, qui en font partie, ainsi que celui des *tuyaux*, après s'être aussi pénétré des notions de physique par lesquelles nous avons commencé cet ouvrage.

Nous ferons connaître d'abord celui de Désarnod, qui conserve toujours une certaine prééminence, quoiqu'il soit un des premiers établis.

Fig. 15, coupe verticale ; fig. 15 *bis*, coupe horizontale. A, foyer ; B, cendrier. Les produits de la combustion montent dans le tuyau C, se rendent ensuite dans l'espace D, d'où ils se divisent dans plusieurs tuyaux G, redescendent dans le canal annulaire H, remontent dans les tuyaux E, arrivent dans un réservoir commun P, d'où ils passent par le tuyau M pour se rendre dans la cheminée ; l'air circule autour des différentes surfaces de chauffe R, et sort par l'ouverture T pour entrer dans la pièce à échauffer : une double enveloppe L contient l'air chaud que laisse pénétrer la première enveloppe.

Tout l'appareil est en fonte excepté les deux enveloppes R S, qui sont en tôle.

Cet appareil est un des mieux combinés pour présenter une grande surface de chauffe dans un petit espace, sans diminuer le tirage par des circulations trop longues ; mais on ne peut se dispenser de le démonter entièrement pour le nettoyer, et par conséquent on ne doit y brûler que du coke. De plus il renferme beaucoup de points que l'on ne peut boucher qu'avec de l'argile, et qui peuvent laisser passer de la fumée dans l'air chaud.

Mais il pourrait être perfectionné (*). Il faudrait aussi faire arriver l'air de ventilation par un conduit distinct de celui qui le fournit au foyer. Il serait important aussi de donner plus de hauteur à la cloche, et de l'entourer à l'intérieur de briques ; le tout pour l'empêcher de rougir et de suréchauffer l'air qui doit servir à l'échauffement et à la ventilation.

Cet appareil peut se placer dans la pièce même à échauffer, quoiqu'on puisse cependant prendre au dehors l'air pour le foyer et celui à échauffer.

Nous donnons sa figure et sa description, autant comme pièce historique que pour faire comprendre les inconvénients de la forme de sa cloche trop courte.

La méthode préférée actuellement pour chauffer les salles d'étude consiste à employer un poêle en métal ou en

(*) C'est ce perfectionnement que M. René Duvoir a porté au plus haut point. (Voir fig. 33 à 35.)

terre cuite, d'une forme quelconque, recouvert à 4 centim. de distance d'une enveloppe en tôle ouverte par le haut. Un canal d'air arrive de l'extérieur par-dessous ce poêle dans l'enveloppe, et enlève continuellement la chaleur rayonnante des parois du poêle pour la répandre dans la pièce. Le poêle se place le plus loin possible de la cheminée, à laquelle il communique par un tuyau de tôle. Le devant de la cheminée est bouché ; mais on y a ménagé des ouvertures fermées par des registres ou petites portes qui sont proportionnées à la quantité d'air que l'on veut donner, et que l'on ouvre et ferme à volonté : c'est le meilleur moyen d'utiliser toute la chaleur donnée par le combustible, et le plus économique en même temps sous le rapport des frais d'établissement.

Ce moyen peut s'appliquer parfaitement aux serres, aux ateliers, et à toutes les pièces où l'on veut renouveler l'air et atténuer l'effet du rayonnement d'un poêle, qui peut affecter la santé par une chaleur trop forte.

Nous donnons le dessin d'un des poêles construits par M. René Duvoir, rue Neuve-Coquenard, n° 11, à Paris. Il en a construit un grand nombre sur ce modèle pour les écoles.

La fig. 16 est la coupe longitudinale d'une salle échauffée par un de ces poêles. A est un poêle en fonte ou tôle épaisse, dont le foyer *b* est revêtu en briques ; *c* tuyau à fumée, pénétrant dans la cheminée *d* ; *e* est le cylindre en tôle qui enveloppe le poêle. Il y a un couvercle en tôle ou en marbre et la partie *g h* contient de grandes ouvertures pour laisser passer l'air ; *f* est le canal qui amène cet air du dehors pour la ventilation, lequel peut être fermé par le registre *i*. En *j* est une ouverture fermée à volonté au moyen d'une plaque à coulisse, et par laquelle l'air malsain sera attiré et porté au dehors dans le canal de la cheminée. — L'enveloppe pourrait être en briques posées de champ.

Si, dans certaines conditions de l'atmosphère, le poêle ne tirait pas, on pourrait introduire dans la cheminée *d* des copeaux que l'on allumerait, et qui établiraient le tirage.

M. René Duvoir construit des appareils plus compliqués, portatifs, d'un usage excellent, et dont le prix n'est pas plus élevé que celui des poêles ordinaires. Nous en donnons le dessin et la description.

La fig. 17 représente une coupe verticale ; la fig. 18, une coupe horizontale suivant xx' (cette figure est celle d'un calorifère du plus petit modèle).

F F foyer en fonte avec grille pour la combustion de la houille, et cendrier au-dessous. Les produits de la combustion s'élèvent dans le cylindre F pour redescendre dans le cylindre en tôle C C, qui l'enveloppe, et gagner ensuite la cheminée par un tuyau D, muni d'une clef R ; *c* est un couvercle en tôle qu'on peut facilement enlever pour le nettoyage de l'appareil.

La porte du foyer P glisse dans des coulisses et est fixée à un contre poids *p*, au moyen d'une chaîne qui passe sur une poulie *m*. Cette porte peut aussi fermer plus ou moins l'ouverture du cendrier *r*, et produire une combustion plus ou moins active.

L'enveloppe extérieure du calorifère se compose : 1° d'un socle en tôle A A, portant une moulure en cuivre ; 2° d'un cylindre en tôle B B, monté sur le socle ; 3° d'un marbre K, qui recouvre l'appareil. Ce marbre peut être remplacé par un couvercle en tôle percé d'une ouverture circulaire au centre, qui correspond à un trou pratiqué dans le couvercle *c*, et par lequel on peut charger l'appareil par le haut; il suffit pour cela d'ôter les couvercles qui bouchent ces ouvertures.

L'air extérieur, appelé par un canal H, arrive sous le cendrier, monte en s'échauffant contre les parois du foyer, le tambour de circulation de la fumée et l'enveloppe extérieure B chauffée par rayonnement, et sort de l'appareil par la bouche de chaleur I, qui règne sur toute la circonférence du calorifère.

La figure 19 représente la vue extérieure; la fig. 20 une coupe verticale d'un calorifère de plus grande dimension.

La figure 21 est une coupe suivant xx', fig. 20, et la figure 22, une autre coupe suivant yy'.

F, foyer en fonte disposé pour brûler de la houille sur une grille *g*, au-dessous de laquelle se trouve le cendrier L.

G, cylindre en fonte surmontant le foyer, bouché *h* sa partie supérieure par une plaque en fonte *f* et par un couvercle en tôle, et muni latéralement d'une buse. C'est par cette ouverture que les produits de la combustion se rendent dans l'enveloppe annulaire C, dans laquelle ils descendent pour s'échapper ensuite par le tuyau à fumée D; R est le registre de ce tuyau.

En *c* est un couvercle qui rend le nettoyage facile a exécuter.

Une porte à coulisse P est équilibrée par un contrepoids *p*, dont la chaîne passe sur la poulie *m*.

La cloche du foyer repose sur une plaque M M', qui est à jour afin que l'air appelé puisse circuler dans l'appareil. Cette plaque est supportée par un socle en fonte A.

B, enveloppe extérieure portant un marbre K, et muni de larges bouches de chaleur I.

H, canal d'arrivée de l'air extérieur. L'air qui s'échauffe surtout par un contact avec toutes les parois du tambour à fumée, dont la disposition présente, dans un petit espace, une très-grande surface, prend encore de la chaleur au foyer en fonte et à l'enveloppe extérieure, qui est chauffée par rayonnement.

Les figures 23 pl. 1 et 24 pl. 4 représentent la coupe et le plan d'une serre où nous avons supposé un calorifère à cloche. A ouverture du foyer, établie au dehors; — *b* foyer; — *c* grille; — *d* cloche en fonte, de deux pièces, en y comprenant la calotte *e* — *f* conduit et tuyau à fumée; — *g*, cloison en fonte, mais que l'on peut exécuter en briques, pour forcer l'air brûlé à rester plus long-temps sous la cloche et à l'échauffer; — *h* enveloppe en briques composant la chambre à air chaud, recouverte en *i* d'une dalle de pierre. Au milieu de cette dalle on pratiquera une ouverture à couvercle de pierre servant à remplir d'eau le récipient *k* en tôle, où l'on a versé de l'eau. Cette eau évaporée par l'air chaud, sert à l'assainir en lui rendant l'humidité que le contact avec la cloche du foyer a pu lui faire perdre.

L est le canal d'introduction de l'air destiné à la combustion; cet air est pris au dehors, mais le canal se ferme par un registre, afin de pouvoir, en cas de besoin, y renoncer, et prendre l'air dans l'intérieur même de la serre, comme il est dit ailleurs — *m*, fig. 24, est un foyer d'appel, essentiel dans cet appareil où le tuyau à fumée est presque horizontal et peut avoir un parcours assez long. Si on plaçait le tuyau comme dans la figure 23, le foyer d'appel s'attacherait au tuyau montant, et à côté du mur.

Nous avons dit que la cloche était en fonte, et en effet elle peut s'exécuter ainsi; mais on peut aussi construire l'équivalent en briques avec la calotte seulement en fonte, ou en tôle forte. En la supposant en fonte, nous lui avons donné un grand diamètre (70 centim.) afin que le feu du foyer ne la fasse pas rougir et ne vicie pas l'air qui arriverait s'y échauffer par les ouvertures N inférieures au niveau du foyer. Cet air devra circuler, en arrivant, dans le couloir *o*, pour s'échauffer, parcourir tout l'espace entre la cloche et le revêtement en briques *h*, pour sortir par des conduits *p* pratiqués à la partie supérieure et être porté par des tuyaux dans tous les lieuxà échauffer.

La cloche a 80 centim. d'élévation au-dessus du foyer, afin qu'elle ne puisse pas s'échauffer au rouge.—Il est bien entendu que si on construit le contour du foyer en briques, on lui donnera la forme d'un carré, ou d'un parallélogramme, et alors le diamètre sera moindre et pourra se réduire à 25 centim. de large. Cependant, la partie supérieure, qui sera en tôle et en forme de voûte, devra toujours être élevée à 80 centim. Le revêtement en briques du foyer ne devra pas avoir plus de 30 à 35 centim. d'élévation; la calotte en voûte sera assise dessus.

On pourra brûler dans cet appareil du bois, de la houille, ou du coke à volonté. Cependant, si on ne devait brûler que de la houille ou du coke, on fera mieux de construire le revêtement latéral du foyer en forme de trémie.

Tel que ce calorifère est disposé, il est placé au niveau du terrain dans une serre qu'il pourra échauffer suffisamment par la chaleur qui se perdra autour de l'appareil et par celle du tuyau projeté dans la longueur du devant de la serre. Les conduits de chaleur dont on voit un en *p* pourront être dirigés dans une serre voisine placée sur un sol plus élevé d'un ou de deux mètres. — Autrement on pourra enterrer l'appareil autant qu'on le voudra, dans le sol ainsi que son tuyau, en laissant pourtant le tout à découvert. Dans ce cas on aura établi les tuyaux de chaleur assez bas pour pouvoir les diriger où l'on voudra.

Une des ouvertures N prend l'air de ventilation au dehors, mais on sent bien que l'on doit en établir trois autres, afin d'entourer la cloche de cet air, de manière qu'il arrive la frapper dans tous ses points et qu'il s'empare de toute la chaleur qu'elle est destinée à transmettre.

Dans le cas où l'on prendra l'air au dehors pour les quatre ouvertures N servant à la ventilation on devra y établir des portes ou registres pour fermer à volonté, mais alors l'appareil ne fonctionnera plus que comme un poêle.

Les fig. 25 et 26 donnent un calorifère d'une exécution si aisée que tout constructeur qui aura à sa disposition des briques et quelques tuyaux pourra l'établir lui-même, fût-ce même un maçon ou un jardinier.

A entrée du foyer; — *b* grille; — *c* entrée de l'air d'alimentation pour le combustible; — *d* quatorze tuyaux en fonte de fer, exposés au foyer, et autour desquels circule l'air brûlé avant d'arriver dans le tuyau à fumée *k*. L'air extérieur entre par le canal E, passe dans les tuyaux *d*, ressort dans la chambre de chaleur G en passant au-dessus du récipient *h* d'où il sort échauffé pour se rendre dans les conduits jusqu'aux bouches de chaleur. — *i* est la bouteille dont nous avons parlé page 33; — *k* est le tuyau à fumée; — *m* est une ouverture donnant accès à l'air même de la pièce dans le cas où il conviendrait de l'employer en fermant le registre E. Cet appareil formerait un bon poêle pour une serre.

En *n* est un carneau, fermé par un tampon, composé d'une brique que l'on peut tirer pour opérer le nettoyage, lequel s'achève par l'orifice du tuyau à fumée et par le foyer.

On n'a supposé que 45 centim. aux tuyaux *d*, mais on est libre de les faire aussi longs que l'on veut en élargissant la bâtisse et employant plus de combustible.

Les fig. 27, 28 sont celles d'un calorifère auquel la description précédente s'applique entièrement, sauf deux exceptions : le premier est couvert d'une dalle; celui-ci est voûté parce que l'on peut le construire d'une certaine grandeur. Les tuyaux à air *d* sont en plus grand nombre : ils se touchent et les six rangées que l'on y a placées forment entre elles un canal pour l'air brûlé, qui, contrarié dans sa marche et suivant un chemin plus long, s'y dépouille de sa chaleur au profit de l'air passant dans les tuyaux. Il y a trois carneaux à tampon *n* pour le nettoyage (*).

Bien que la première rangée de tuyaux à air soit à 60 centim. de la grille du foyer, il pourrait encore arriver qu'ils rougissent si on chauffait vivement; aussi, dans le cas où on devrait employer l'appareil à produire un haut degré de chaleur, on fera bien de la remplacer par une assise de briques soutenues par des barres de fer, et il en sera de même de l'appareil que nous venons de décrire, ainsi que de celui qui va suivre.

Le calorifère, fig. 29 et 30, ne présente pas cet inconvénient au même point, car la série de tuyaux à air *d* est renversée, par conséquent la chaleur du combustible qui tend à monter, ne les frappe qu'indirectement. En cas que la première rangée de tuyaux vînt à rougir, on pourrait placer devant un petit mur de briques. Du reste, la description de cet appareil est la même qu'aux fig. 25 et 26.

Nous avons dit que les calorifères à air ne pouvaient guère porter la chaleur à plus de 12 mètres. Si on devait la porter à une distance plus éloignée, il serait indispensable de construire un second calorifère.

Dans les trois calorifères qui viennent d'être décrits, on pourrait remplacer la première rangée de tuyaux par une chaudière de thermosiphon. Cette chaudière pourrait être formée par des tuyaux de fer, comme la fig. 31, joints à un autre tuyau à chaque bout qui emporterait l'eau et la rapporterait; comme cette eau soustrairait une partie notable de la chaleur du foyer, il faudrait supprimer encore une rangée de tuyaux à air, outre celle que les tuyaux à eau remplaceraient. Elle pourrait être aussi fabriquée de plaques de cuivre en forme de plateaux, fig. 31 *bis*. Ces plateaux seraient maintenus entre des barres de fer, afin que le poids de l'eau ne fît pas gonfler les parties plates. On comprendra l'agencement de ces deux appareils en lisant l'article thermosiphon, dont nous allons nous occuper.

(*) Nous l'avons représenté sur une échelle plus grande que les autres, afin que le constructeur puisse, avec plus de certitude, prendre ses mesures, dont la proportion est la même pour les fig. 25 et 27.

Nous avons donné, jusqu'à présent, des calorifères d'une exécution facile et à la portée de tout le monde. Présentement, nous allons mentionner celui que M. René Duvoir a su porter à la perfection. Il ne s'agit plus ici de faire construire, mais d'employer ce que l'inventeur-constructeur peut offrir à un prix raisonnable, combiner pour le local à échauffer, et poser en place sans occasionner aucune inquiétude ni embarras.

Ce nouvel appareil satisfait à toutes les conditions exigées, de chauffer sans altérer la salubrité de l'air. Outre l'avantage de ne point rougir et de transmettre toujours de l'air pur, il a encore, sous le rapport de sa construction, de la facilité du service et du ramonage, une grande supériorité sur tous ceux qui existent. Il est construit entièrement en fonte et présente une solidité à toute épreuve; les joints, montés à brides et à boulons, obvient à tous les inconvénients produits par la dilatation incessante des coffres et des appareils en tôle, dont le clouage laisse toujours échapper la fumée dans les réservoirs à air chaud.

La marche de l'air chaud y est en sens inverse de celle de la fumée : cette disposition est la plus avantageuse pour le refroidissement; elle permet de diminuer les surfaces de chauffe et d'utiliser le combustible aussi complétement que possible.

Le foyer est disposé de manière à brûler du coke et des houilles de toute espèce.

Le Conseil royal de l'instruction publique a autorisé l'établissement de ces calorifères ventilateurs pour le chauffage de l'École de Droit et du collége d'Amiens; divers hôtels de Paris sont également chauffés par ces appareils, entre autres celui de madame la baronne de Pontalba. On peut en voir un fonctionner chez M. René Duvoir, qui l'a fait construire pour le chauffage de sa maison.

La figure 32 est la vue extérieure de l'appareil du côté du foyer.

La figure 33 est une coupe verticale suivant la ligne A B, de la figure 34.

La figure 34 est une coupe horizontale faite par plans parallèles *e k*.

La figure 35 est la coupe verticale perpendiculaire à la première, faite par le plan *c d*, fig. 34.

Le foyer se compose d'une cloche en fonte A, fondue en deux ou trois pièces selon les dimensions de l'appareil. La hauteur est assez grande pour que la flamme, en s'élevant d'abord verticalement, donne à l'air brûlé qui descend par les tuyaux B C D E F, et B', C', D', E', F', un tirage suffisant pour produire l'appel d'air nécessaire à une bonne combustion.

G est la grille en fer sur laquelle se place le combustible et qui sépare les cendres du foyer.

H est la porte du cendrier ordinairement ouverte quand la combustion doit être active; elle est munie d'une petite porte à coulisse, la seule qu'on ouvre quand on veut diminuer la consommation du combustible.

I est une première porte de foyer, elle est destinée au nettoyage de la grille et sert à l'introduction des copeaux qu'on enflamme pour allumer le calorifère.

La deuxième porte K est destinée au chargement du foyer; c'est par cette ouverture qu'on introduit la masse du combustible, qui, en se consumant lentement, doit dégager la chaleur nécessaire à un chauffage d'air de 12 à 15 heures.

Dans les calorifères de différentes grandeurs, la distance entre cette porte et la grille, ainsi que le diamètre du foyer, sont calculés pour produire des consommations déterminées de combustible.

La partie inférieure de la cloche est garnie, jusqu'à une hauteur qui dépasse un peu la porte de chargement, en briques très-réfractaires, formant le foyer proprement dit, qui s'opposent à ce que le contact et le rayonnement du combustible en ignition fassent rougir les surfaces.

Arrivés à la partie supérieure de la cloche A, les produits de la combustion se divisent et parcourent *en descendant* les deux séries des tuyaux B, C, D, E, F, et B', C', D', E', F', placées de chaque côté du foyer, et dans lesquelles la répartition de l'air brûlé et sa vitesse sont parfaitement égales.

L'air brûlé se réunit à la partie inférieure du tambour L, dans lequel il s'élève pour gagner le tuyau à fumée qui le surmonte.

N est la porte du foyer d'appel pour produire tout de suite un bon tirage quand on allume le calorifère pour la première fois, ou lorsqu'il s'est entièrement refroidi.

C'est aussi par cette porte qu'on opère le ramonage de la cheminée, sans être obligé de démonter le tuyau à fumée.

Le nettoyage des tuyaux de circulation s'effectue avec la même facilité : il suffit d'enlever les tampons *t*, *t* qui ferment les extrémités des tuyaux.

L'air arrive de l'extérieur par deux conduits M, M', qui le distribuent sous toute la longueur des tuyaux F, F'; cet air, en s'élevant, rencontre des surfaces qui se trouvent à des températures de plus en plus élevées, et s'échauffe progressivement.

Les conduits M M' communiquent également avec les espaces circulaires compris entre la cloche du foyer A, le tambour à fumée et les enveloppes concentriques en maçonnerie qui augmentent les surfaces de chauffe.

Tout l'air chaud se réunit à la partie supérieure du calorifère dans un réservoir de chaleur O, d'où il s'écoule par les tuyaux P, Q, pour se rendre dans les lieux où il doit être utilisé.

Dans quelques appareils, pour diminuer les dimensions du calorifère, on supprime la construction en briques qui entoure les cylindres A L. Cette disposition est représentée fig. 34.

En conservant au cylindre du foyer cette chemise en briques, on se réserve la possibilité d'avoir à la partie supérieure une chambre à air chaud, qui se trouve à une température plus élevée, et qu'on peut employer au chauffage des pièces les plus éloignées.

Lorsqu'il est nécessaire de porter la chaleur à de plus grandes distances que celles où ce calorifère peut conduire l'air chaud, et lorsqu'il n'est pas utile ou facile d'établir plusieurs appareils, on remplace les briques garnissant l'intérieur du foyer, par une chaudière destinée à établir un chauffage par la circulation de l'eau chaude pour les parties éloignées. (Voir l'article ci-après du thermosiphon.)

TABLEAU

des volumes, etc., que chaque numéro peut chauffer et ventiler, l'augmentation de température étant supposée à 15°, ce qui établit une moyenne plus que suffisante pour les habitations et les serres tempérées.

Quand il s'agira de serres chaudes il faudra passer à un n° au-dessus de celui indiqué.

NUMÉROS.	ESPACES qu'ils peuvent chauffer en mètres cub.	VOLUME d'air renouvelé par heure en mètres cub.	QUANTITÉ de houille consommée par 12 heures	PRIX.
1	400	720	14 k^os	500
2	600	1,000	20 »	650
3	800	1,500	28 »	1,000
4	1,200	2,000	40 »	1,400
5	1,600	3,000	56 »	2,000
6	2,500	4,000	80 »	2,800

Exemples de chauffage en grand.

La Chambre des pairs est chauffée par huit calorifères, dont quatre sont destinés exclusivement à distribuer la chaleur dans la salle des séances; deux servent au chauffage des couloirs et des deux grands escaliers; les deux autres sont à haute température et transmettent l'air chaud à l'orangerie, à la bibliothèque et aux deux pavillons, au moyen de sept bouches de chaleur; chacun de ces calorifères renferme trente tuyaux de fonte horizontaux ayant 1^m,50 de longueur sur 16 cent. de diamètre, donnant ensemble une surface de chauffe de 21^m 60, soit 172^{m}80 de surface pour les huit. L'air qui doit être échauffé arrive par un couloir régnant derrière les calorifères et s'ouvrant dans le jardin. En avant des calorifères, du côté de la prise d'air, se trouvent deux ventilateurs de deux mètres de diamètre, de 1^{m}50 de large et à 6 ailes, et servant à alimenter d'air ses calorifères. L'air chaud, en sortant des calorifères, passe dans trois chambres en les échauffant et s'introduit sous les gradins de la grande salle, où il trouve des issues dans toutes les contre-marches. L'air sort ensuite par l'orifice du lustre, et par des orifices percés dans l'intérieur à la partie supérieure des tribunes, d'où il se réunit à l'air chaud des couloirs, pour se rendre ensuite, par les cages des escaliers de service, sous le comble qui surmonte l'orifice du lustre, et se dégager dans l'atmosphère. — D'après les expériences faites, la température de la salle des séances a toujours été maintenue environ à 15°, le thermomètre étant au dehors à plusieurs degrés au-dessous de 0. La consommation de la houille pour le chauffage et la ventilation de la salle est d'environ 3 hectolitres par jour.

Le chauffage de l'orangerie, de la bibliothèque et des deux pavillons a été reconnu inefficace, ce qui est dû au refroidissement que l'air éprouve en parcourant les conduits placés sous le sol de l'orangerie. On a le projet de remédier à cet inconvénient en changeant les appareils à air chaud contre d'autres à eau circulante (*).

« La salle des séances de la Chambre des députés et ses dépendances sont chauffées par des calorifères, en même nombre et disposées de la même manière qu'à la Chambre

(*) Depuis que ceci a été écrit, le nouveau système de chauffage a été décidé, et l'on est occupé à l'établir. Nous en ferons mention à l'article *Thermosiphon*.

des pairs ; deux sont destinés au chauffage des couloirs et des escaliers, quatre au chauffage de la salle. Mais le mode de distribution de l'air dans la salle et le mode d'appel sont très-différents. A la Chambre des députés, l'air chaud se rend dans la salle par des orifices percés dans la contre-marche du banc des ministres, dans la partie la plus basse et au centre de la salle ; il est appelé dans un conduit qui règne sous le dernier rang des bancs, et par des orifices percés dans le plafond des tribunes ; de là il se rend simultanément, par plusieurs canaux verticaux, dans une vaste cheminée renfermant un foyer à coke, et terminée au-dessus du toit par de larges plaques de zinc percées de trous. — Ce mode de chauffage présente moins d'inconvénients qu'à la Chambre des pairs, parce que le chemin parcouru par l'air chaud est plus court ; mais le mode de renouvellement de l'air est bien moins convenable. L'air chaud en sortant des bouches s'élève rapidement au plafond, et les couches d'air descendent progressivement, en se refroidissant, jusqu'au niveau des orifices de départ ; alors, comme les gradins sont très-inclinés, le renouvellement de l'air à leur surface n'a lieu que par des doubles courants, et la température de l'air est plus élevée à la partie supérieure qu'à la partie inférieure. — A Chambre des députés, l'air extérieur parcourt des caves d'un très-grand développement avant d'arriver dans les calorifères ; cette circonstance est favorable à l'économie du combustible en hiver et fournit de l'air frais pour la ventilation d'été.

» Le palais d'Orsay, aussi vaste que celui de la Chambre des pairs, renferme des pièces dont le volume total est d'environ 60,000 mètres cubes. Ce palais est chauffé par un appareil à eau chaude construit par M. Léon Duvoir. L'entrepreneur s'est engagé à maintenir dans les pièces une température de 15° moyennant une somme de 30 francs par jour de chauffage. »

Nous avons tiré ces descriptions de l'ouvrage de M. Peclet.

« Pour les grandes surfaces, ajoute ce savant, je regarde le chauffage à l'eau chaude par des circuits partiels, ou par des poêles isolés, chauffés séparément par la vapeur, comme préférable au chauffage à l'eau chaude par une circulation générale ; les joints seraient plus faciles à maintenir, et les fuites auraient des inconvénients beaucoup moins graves. »

Nous ne saurions mieux terminer ce chapitre qu'en citant les propres paroles de M. Peclet, et, par la même raison, nous commencerons le chapitre suivant par une citation de son ouvrage sur la chaleur. Le jugement d'un homme tel que lui ne peut que donner confiance en ce que nous pourrons avancer sur le choix des différents genres d'appareils et de constructions calorifiques.

« Quant au calorifère à air chaud, de quelque nature que soit l'appareil, dès que l'air chaud a un long trajet à parcourir pour se rendre dans le lieu qui doit être échauffé, ce mode de chauffage occasionne une perte très grande de combustible, à cause du refroidissement de l'air dans les tuyaux de conduite ; cette perte est énorme quand les tuyaux sont placés dans le sol, et très-grande même quand ces tuyaux sont isolés et entourés de matières peu conductrices. C'est un fait bien constaté par l'expérience, et qui résulte de ce que l'air n'a plus qu'une faible chaleur spécifique, qu'on ne peut jamais lui imprimer une grande vitesse, et par conséquent que les tuyaux de conduite doivent avoir une très-grande section et de très-grandes surfaces de refroidissement.

» Ainsi, le chauffage des pièces par l'air chauffé dans les calorifères, ne peut être avantageux qu'autant que l'air chaud n'a pas un grand trajet à parcourir. Les calorifères à eau chaude sont compliqués, plus chers ; mais ils exigent moins de surveillance et donnent des effets plus constants.

» Si le foyer ne peut être placé qu'à une grande distance des pièces, il faut transmettre la chaleur par les corps qui, sous le même volume, renferment le plus de chaleur, et auxquels on puisse imprimer une plus grande vitesse, afin de pouvoir les faire circuler dans des canaux ayant une petite section, qui, alors, dans toute leur étendue, ne transmettent qu'une petite quantité de chaleur. On ne peut alors employer que la vapeur et l'eau ; et la vapeur est plus avantageuse parce qu'on peut donner aux tuyaux de conduite une moindre section, et les contourner sans que les sinuosités s'opposent au mouvement de la vapeur. »

Article III. — *Thermosiphon.*

Histoire du thermosiphon (*).

L'histoire du calorifère appliqué à la circulation de l'eau chaude remonte aux temps des Romains. On voit par leurs usages que si les foyers que nous avons nommés *cheminées* n'étaient guère employés que pour les cuisines, l'art de distribuer la chaleur artificielle au moyen de l'eau chaude leur était connu, ils l'appliquaient aux thermes, aux étuves ; ainsi les thermes de Caracalla, de Dioclétien, ceux de Titus dont parle Vitruve, offraient des appareils destinés à conduire l'eau chaude dans les réservoirs ; ainsi on lit dans un ouvrage de Sénèque sur les recherches physiques (Naturalium quæstionum lit. III) : « . . . On fabrique tous les jours des serpentins, des cylindres et des vases de diverses formes, dans l'intérieur desquels on ajuste des tuyaux de cuivre fort minces, formant plusieurs contours en pente, à l'aide desquels l'eau se repliant plusieurs fois autour du feu, parcourt assez d'espace pour s'échauffer au passage. Elle y était entrée froide, elle en sort brûlante... et l'évaporation ne lui ôte pas sa chaleur parce qu'elle coule enfermée... »

Malgré toutes les recherches faites, il ne reste que des indices vagues et incertains sur les expédients employés pour échauffer et faire arriver l'eau qui, dans les bains de Caracalla par exemple, devait servir durant environ 16 heures à l'usage d'un peuple immense pour lequel l'usage du bain était devenu une passion. Il est à présumer que les Romains n'employaient à cet effet que des moyens mécaniques et que le moyen de circulation de l'eau revenant au foyer ne leur était pas connu. Nous ne devons donc retrouver dans ces appareils aucun principe du thermosiphon. Aussi ce moyen de chauffage, dont on se doutait depuis longtemps, ne reçut d'application raisonnée qu'à une époque avancée du dernier siècle.

Bonnemain, en 1777, fit connaître à l'Académie des scien-

(*) Θερμος, *chaud;* Σιφων, *conduit, tuyau.* — Conducteur de la chaleur.

ces les principes du chauffage par la circulation de l'eau qu'il venait d'appliquer utilement à l'incubation. Depuis il s'est toujours efforcé par des recherches, d'autant plus difficiles qu'il n'était pas dans une situation heureuse, de perfectionner son système. Il trouva des moyens aussi simples qu'ingénieux de régulariser le degré de température. Dans un âge fort avancé et sans qu'il jouît d'un meilleur sort il s'occupait encore d'améliorer ses divers procédés. Ce fut seulement dans les derniers instants de sa longue carrière que cet ingénieux inventeur d'un procédé progressivement perfectionné depuis lui, obtint enfin, grâce aux soins d'un de nos économistes habiles, un soulagement à sa laborieuse et patiente misère. — Il était d'autant plus cruel d'enlever l'honneur de son invention au savant Bonnemain que chaque résultat heureux qu'il obtenait était le seul fruit qu'il en retirait, et l'unique consolation de sa vieillesse. Cependant l'on vit en 1818 le marquis de Chabannes prendre en Angleterre des brevets pour un procédé de chauffage dont toutes les difficultés avaient été aplanies par les idées de Bonnemain et de quelques auteurs qui, depuis 1521, avaient perfectionné la ventilation, et la construction des appareils à air chaud. On vit aussi en 1822 MM. Bacon et Atkinson produire à Londres et propager comme inventé par eux un appareil de chauffage, qui n'était qu'une modification du procédé indiqué par Chabannes.

En 1825 on publia à Paris la traduction de Tredgold, *Principes sur l'art de chauffer et d'aérer les édifices*; puis MM. Perkins à Londres en 1837 perfectionnèrent avec beaucoup plus de soin et de bonheur que leurs prédécesseurs, les appareils à eau chaude. Dans la même année, M. Charles Hood publia à Londres un traité pratique sur le chauffage des habitations par l'eau chaude, ouvrage lucide et exact auquel nous avons souvent fait des emprunts dans le cours de cet ouvrage. Nous citerons encore le *Popular treatise on the warming*, etc., de Ridchardson qui parut en même temps. A cette époque le thermosiphon, abandonné depuis quelque temps en France, reprit faveur; et grâce à l'impulsion de praticiens habiles tels que M. Grison, jardinier en chef du potager du roi à Versailles, son frère, jardinier du baron S. Rothschild à Suresne, et MM. Léon et René Duvoir, fabricants de calorifères, les appareils que nous possédons aujourd'hui sont bien supérieurs sous tous les rapports à ceux qui étaient connus avant eux.

L'appareil à eau chaude, d'une utile application en France avant les améliorations apportées par ces Messieurs, et qui est presque le seul encore en usage en Belgique, est représenté, fig. 36.

A, foyers et grille; *b* cloche en cuivre à double parois contenant l'eau introduite par le tube *c*; — *d* cloison en fonte pour forcer les produits de la combustion, à parcourir plus d'espace; ils passent ensuite sur la chaudière qu'ils enveloppent et ressortent en *e*; — *f* sont les tuyaux contenant l'eau en circulation; — *g* la maçonnerie en brique.

Avantages du thermosiphon.

« Le chauffage intérieur à l'eau chaude à basse pression (*) est préférable au chauffage à la vapeur, parce que

(*) Quand on ne chauffe pas l'eau à plus de 100 degrés, le système

les appareils à eau chaude sont beaucoup plus simples, plus faciles à diriger, qu'ils n'exigent point d'appareils d'alimentation, de nettoyage des chaudières, qu'ils s'altèrent moins par l'usage; enfin, parce que la grande masse d'eau qu'ils renferment, produit une grande régularité dans le chauffage, malgré les plus grandes irrégularités dans l'alimentation du foyer, et que le chauffage se prolonge long-temps après l'extinction du feu.» — (Peclet, Traité de la chaleur.)

Ce mode de chauffage est analogue au précédent, il a lieu par la circulation de l'eau qui, comme l'air, conduit mal la chaleur, mais peut lui servir de véhicule par sa mobilité.

L'air échauffé au contact des tuyaux du calorifère ne peut guère être porté au delà de 12 mètres du calorifère; l'eau circule dans les tubes du thermosiphon à une distance très-longue.

Les calorifères d'eau, ou thermosiphons, sont incontestablement préférables pour le chauffage des serres et pour tous les lieux où il importe beaucoup d'obtenir aisément une température douce et très-régulière. On conçoit que la grande capacité de l'eau, qui est environ 3,000 fois plus grande pour le calorique que celle de l'air, présente les meilleures garanties à cet égard; c'est au point que, quand la quantité d'eau employée est assez grande, on peut cesser de faire du feu dans un tel calorifère, pendant 8 où 10 heures, sans que la température d'une serre s'abaisse dans une proportion trop grande pour être nuisible, tandis qu'avec un poêle ordinaire une égale interruption pourrait, toutes choses égales d'ailleurs, laisser réduire de 15 ou 20° la température intérieure et geler les plantes. On conçoit donc tout l'intérêt qu'on attache à se mettre à l'abri des négligences en adoptant l'usage des thermosiphons, qui se répandent aujourd'hui généralement chez les horticulteurs en France, en Angleterre, en Belgique, et même en Italie.

On a dit que ce genre de calorifère ne pouvait être employé aussi utilement que les calorifères à air, lorsqu'il s'agit de produire de grandes masses d'air chaud. En effet, le passage de la chaleur au travers des surfaces métalliques est en raison de la différence de température et de la quantité de surfaces chauffantes: or, ici, la température de l'eau (sans pression) dans les tuyaux doit être toujours au-dessous de 100° dans les points même où elle est le plus échauffée, et moindre encore dans tous les autres, tandis que la température des conduits chauffés directement par les produits de la combustion dans les calorifères à air, peut être beaucoup plus élevée.

Mais, depuis que cette opinion a été émise, on a vu construire le calorifère d'eau du Palais du quai d'Orsay, destiné au Conseil d'État et à la Cour des comptes. Ce ca-

est à *basse pression*, c'est-à-dire à celle du poids de l'atmosphère. Dans ce cas, le vase, ou chaudière et les tuyaux ont des tubes d'expansion non fermés.

Pour chauffer à *haute pression*, c'est-à-dire à plus de 100 degrés, le vase et les tubes doivent être fermés hermétiquement et offrir une très-grande résistance, afin qu'il n'y ait point explosion de l'eau dont la force d'expansion serait comprimée. Le système de M. Perkins, que nous exposerons plus loin, est à haute pression, c'est-à-dire à une pression supérieure au poids de l'atmosphère qui est, comme on sait, d'environ 1 kilogramme pour 1 centimètre carré.

lorifère, dont le foyer est dans une cave, envoie de toutes parts ses tubes porter l'eau nécessaire pour échauffer tous les appartements des premier et second étages donnant sur le quai. Ces tuyaux ont un parcours de plus de 300 mètres dans des salles qu'ils échauffent en une heure de temps à 20 degrés. La difficulté est donc vaincue, et l'on ne peut plus dire que le thermosiphon ne peut s'adapter à de grands locaux.

Nous citerons, dans cet ouvrage, d'autres exemples aussi concluants.

On a avancé l'opinion que la vapeur devrait être adoptée de préférence. Il est vrai que la vapeur circulera plus rapidement et que l'on pourra obtenir de la chaleur pour ainsi dire instantanée et beaucoup plus promptement que ne le ferait l'eau circulant dans les tuyaux, puisqu'il faut attendre que l'action moléculaire soit établie pour obtenir la circulation; mais si l'on compare les résultats de ces deux fluides, l'avantage sera en faveur de l'eau : le raisonnement va nous le prouver. — La chaleur spécifique de la vapeur non condensée, comparée à celle de l'eau est comme 8470 est à 1. En estimant la chaleur latente de la vapeur et réduisant la température de la vapeur et de l'eau à 15 deg., on trouvera qu'à volume égal la proportionnelle sera de 1 à 228, c'est-à-dire que l'eau répandra 228 fois autant de chaleur que la vapeur. Ainsi un volume quelconque de vapeur perdra autant de chaleur en une minute que le même volume d'eau en trois heures trois quarts.

Inconvénients du thermosiphon.

Après avoir énuméré les divers avantages du thermosiphon, nous ne dissimulerons pas les inconvénients que son emploi pourrait offrir, mais nous tâcherons aussi de réfuter ceux qu'on lui a attribués à tort.

Les appareils de chauffage à eau chaude exigent de plus grandes surfaces de chauffe (*) que les poêles et les calorifères à vapeur ou à air chaud; les tuyaux de conduite sont d'un plus grand poids, et chargent davantage les planchers: les fuites peuvent aussi occasionner des dégâts.

Mais leur construction est moins compliquée; ils n'exigent pas plus de surveillance que des poêles ordinaires, et ils conservent leur chaleur bien plus long-temps.

La circulation de la fumée sur les surfaces de la chaudière a, malgré la précaution que l'on prend ordinairement de ménager des regards à tampons mobiles pour le curage de la suie, le très-grand inconvénient d'occasionner au bout d'un certain temps, une espèce d'enduit huileux et comme bitumineux qui tapisse la surface de la chaudière, y tient opiniâtrément, et s'oppose par sa nature charbonneuse à la transmission de la chaleur, en même temps qu'il contribue à la plus prompte détérioration du métal.

(*) La *surface de chauffe* (quand il s'agit d'une chaudière ou des tuyaux d'un calorifère à air) consiste dans tout ce qui est exposé au foyer et qui peut s'échauffer par l'effet de la combustion. Quand il s'agit d'un thermosiphon on a au foyer des surfaces de chauffe intérieures pour s'emparer de la chaleur au profit de l'eau, et on a aussi les surfaces de chauffe présentées par les tuyaux de conduite de l'eau qui sont placés dans les lieux à échauffer. Celles-ci sont des *surfaces de chauffe* en sens inverse des premières.

On a craint en effet ce grave inconvénient que la théorie faisait prévoir; cependant l'expérience, jusqu'ici, a été en faveur de l'emploi des chaudières en métal.

Depuis neuf ans, MM. Grison, l'un au potager du roi à Versailles, l'autre dans les serres de M. le baron Rotschild, à Suresne, font usage, *hiver comme été*, de thermosiphons en cuivre, sans qu'aucune partie de leurs appareils ait jamais éprouvé d'accidents par suite d'oxydation ou autrement. On a, à la vérité, employé le bois pour chauffage.

Leurs nombreux appareils sont tous soudés à l'étain.

M. Paillet, célèbre cultivateur à Paris, chauffe *avec de la houille*, depuis quatre ans, plusieurs thermosiphons sans avoir vu ses appareils se détériorer.

Cependant la houille, contenant beaucoup de soufre, doit, d'après sa composition chimique, hâter leur destruction.

On a dit que l'eau formerait sur le fond des chaudières des dépôts terreux qui empêcheraient la conductibilité du métal, retarderaient et diminueraient l'échauffement de l'eau. Sans doute il y aura un dépôt quelconque; mais si l'on considère que la quantité d'eau employée dans un thermosiphon est minime, et que cette eau est la même toute l'année, sauf un léger remplissage, on conclura que le dépôt formera une couche trop mince pour qu'elle puisse intercepter, d'une manière sensible, la transmission de la chaleur.

On pourra juger, par des exemples, du peu d'importance de ces dépôts. D'après des analyses faites à Paris on a reconnu que l'eau de la Seine ne contient que 1/6000e de dépôt calcaire, et l'eau du canal de l'Ourcq 1/5000e.

Il est vrai qu'il y a des eaux très-impures que l'on aurait tort d'employer, telles que des eaux de puits dans des terrains calcaires. On devra donc, dans toute prévision, choisir, de préférence des eaux de rivière, ou des eaux de pluie, et on aura soin de les laisser reposer et de les tirer ensuite à clair avant d'en remplir les chaudières.

Un autre inconvénient plus grave, et auquel il est difficile de remédier d'une manière absolue, est celui des fuites qui peuvent survenir, soit dans les tubes, soit dans les chaudières, et qui gâteraient les peintures ou les meubles des appartements. Aussi recommanderons-nous les plus sages précautions dans le choix des emplacements pour les appareils, afin qu'ils ne puissent nuire en cas d'accidents. Ces précautions seront les mêmes que pour l'eau que l'on fait circuler aux étages supérieurs dans les maisons, et qui est destinée aux usages domestiques, mode généralement suivi en Angleterre.

Il y a moins de danger à courir pour les serres. Néanmoins on pourrait craindre la possibilité de fuites qui videraient un appareil et exposeraient les plantes à souffrir du froid. Cependant il n'y en a pas encore d'exemple, tandis qu'il y a exemple d'un désastre arrivé à la serre du Jardin-des-Plantes d'Orléans par l'effet d'un accident survenu à un calorifère à air chaud.

Effets du mouvement de l'eau dans les vases où on l'échauffe.

Si l'on expose au soleil ou à côté d'un foyer quelconque de chaleur un vase de verre blanc profond, contenant de l'eau de puits avec quelques parcelles de sciure de bois, ou d'autres corps très-légers tels que du savon en poudre fine, on verra bientôt se manifester des courants qui monteront dans la partie échauffée, et qui descendront dans l'autre. Si on fait l'expérience dans un vase qui aille au feu, on verra les courants agir d'une manière encore plus marquée.

Les parties échauffées deviennent plus légères et s'élèvent. — Elles font place, par conséquent, aux parties froides, plus pesantes, et le mouvement se trouve établi.

Mais il faudra remarquer (et on aura besoin de s'en souvenir lorsqu'on placera des tuyaux) que le courant ne se dirige pas facilement en suivant des lignes anguleuses, mais bien en s'arrondissant dans celles qu'il parcourt.

Il en résulte dans tout le liquide un mouvement circulaire, lequel continuera tant qu'il y aura une différence de température entre les différentes parties du vase.

Si la chaleur est assez active, la masse entière continuera à s'échauffer jusqu'à ce qu'elle arrive au degré de l'ébullition. Alors l'eau se vaporisera et ne s'échauffera plus, c'est-à-dire qu'elle ne dépassera pas le 100e degré (*).

Dans un tube de verre de 15 cent. de hauteur, recourbé suivant la fig. 37, soudé en A et rempli d'eau de puits, jusqu'en B, on verra s'opérer le mouvement circulatoire avec la seule chaleur de la main placée en C. On jettera dans l'eau, à cet effet, quelques parcelles très-fines de savon (**).

(*) Si on échauffait seulement le tour du vase et le dessus, l'échauffement du liquide n'aurait lieu qu'après un long temps de chauffage, et la circulation serait très-faible.

(**) L'eau de puits est la seule convenable pour cette expérience, parce qu'elle ne dissout pas le savon et qu'elle permet de suivre le mouvement des parcelles.

Le principe du thermosiphon se trouve donc dans ce mouvement de l'eau.

Que l'on construise un appareil simple, comme la fig. 38. En C, où est placé un foyer de chaleur, la colonne ascendante D s'échauffera, l'eau deviendra plus légère; son poids spécifique étant diminué, elle ne pourra plus contre-balancer celui de la colonne E, qui chassera l'eau du conduit F avec toute la force qui résultera du rapport entre la densité de D et de E.

Si on suppose D à 90 degrés et E à 30, la différence des deux poids spécifiques sera de un 40e environ : c'est-à-dire que, en divisant la colonne E en 40 parties, la colonne D n'en contre-balancera que 39. Le 40e du poids de E en surplus tombe alors en produisant le mouvement de toute la masse d'eau.

Dans les appareils les plus compliqués comme dans les plus simples la valeur de C D, qui détermine la pression et par conséquent la vélocité, est la différence de niveau entre le fond de la chaudière, où l'eau rentre, et le point le plus élevé de la chaudière, ou le sommet des tubes ascendants verticaux, élevés au-dessus de la chaudière. Les tubes horizontaux, servant en quelque sorte de conducteurs entre les deux colonnes, ne sont par eux-mêmes soumis à aucune autre force que celle qui leur est imprimée, soit par le courant ascendant d'une part, ou par le courant descendant de l'autre. Ainsi toute l'impulsion ou *puissance motrice* provient de la pression occasionnée dans la colonne descendante par l'excès de quantité d'eau amenée par la colonne ascendante. Cependant, une partie de l'effet est détruite par le frottement de l'eau contre les parois du tube, et surtout aux extrémités, où l'eau vient frapper avec d'autant plus de force que les tubes sont moins arrondis dans leurs contours.

Quand les locaux sont très-froids, les tubes se refroidissent plus vite et la rapidité de l'eau s'accroît; ce qui fait affluer l'eau chaude et rentrer rapidement l'eau froide pour se réchauffer. Mais quand les locaux sont chauds, les tubes se refroidissent moins et un ralentissement a lieu dans le mouvement.

La circulation de l'eau peut aussi s'opérer facilement au moyen d'un appareil dans lequel un récipient ou poêle d'eau serait placé entre les deux tubes d'aller et de retour, soit fig. 39. L'appareil étant rempli d'eau, aussitôt que la chaudière A commence à s'échauffer, une dilatation s'opère dans le volume de liquide qu'elle contient, les molécules échauffées s'élèvent alors vers la surface, et la circulation prend son cours, sans que le poêle d'eau B y fasse aucun obstacle, au contraire, car l'eau chaude qui y arrive, trouvant plus de surface, se refroidit davantage, et la pression en est d'autant plus forte au point S et en G. L'eau se dirigera, en conséquence, vers A, avec une vélocité et une puissance égales à la différence de pression entre la colonne ascendante et celle de retour.

Une température égale ne peut avoir lieu entre A et B, tant que l'eau chauffera A. Si on cessait de chauffer, la température deviendrait égale, et le mouvement s'arrêterait, puisqu'il n'y aurait plus de force supérieure en B.

Si le poêle d'eau B était d'une proportion moindre que la chaudière .l'effet de la circulation serait le même, car, suivant les lois de l'hydrostatique, la pression des fluides est en raison seulement de leur hauteur et ne dépend nullement du diamètre ou quantité; si au lieu du poêle B on employait un tube formant plusieurs circuits, afin d'offrir le plus de surface possible au rayonnement du calorique, la pression serait, à peu de chose près, la même que si un poêle d'eau avait un grand diamètre, pourvu toutefois que le sommet de la colonne descendante fût à la même hauteur que celui de la colonne ascendante; nous reviendrons sur ce sujet.

Quelques personnes ont pensé que si les tubes étaient placés diagonalement de manière que l'eau se trouvât graduellement portée vers la chaudière, le poids de la colonne en serait augmenté, supposant, par exemple, le point *e* fig. 40, plus bas que le point *d*, et réduisant ainsi la hauteur de la colonne verticale *ef*; mais ce fait est entièrement erroné dans son principe. En effet, si l'on admet que, au lieu d'être horizontal, le tube de retour parte du point *d* en diagonale jusqu'au point *f*, il en résultera que le poids de l'eau sera exactement le même en *f* qu'il le sera en *e*; il devient donc sensible que le poids utile à la circulation de la colonne verticale *ef* sera perdu.

Il ne faut pas supposer que ce raisonnement s'applique ici absolument à la loi de l'hydraulique. S'il ne s'agissait que d'un fluide d'une température égale, on obtiendrait un bon effet de l'emploi d'un tuyau incliné; mais le fluide dont il est ici question est d'une densité et d'une température variables, ce qui influe beaucoup sur les résultats.

Lorsque l'on pourra élever les tubes perpendiculairement à la chaudière, comme dans la fig. 41, cette disposition offrira de grands avantages; que le tuyau d'ascension soit placé sur le sommet de la chaudière, comme en *a*, ou qu'il soit adapté en x, l'effet sera le même. Cette élévation des colonnes d'ascension et de retour force la circulation à devenir plus rapide, conséquence déduite de ce principe que la circulation est plus ou moins accélérée en raison du poids qui se fait sentir dans les colonnes d'eau; or, les tuyaux étant plus élevés, plus la différence de poids sera grande, et conséquemment plus sera rapide la vitesse de la circulation. Nous proposons l'exemple suivant :

Si un appareil à eau chaude est disposé de telle sorte qu'il échauffe dans une habitation plusieurs étages, la chaudière *c*, fig. 42, étant placée au rez-de-chaussée, la colonne ascendante *e* devra monter le plus verticalement possible jusqu'à la pièce la plus élevée, où elle aboutira à la partie supérieure d'un poêle d'eau *a*; l'eau, en se refroidissant en partie, prendra son courant vers la colonne descendante *d*, partant de la partie inférieure du poêle d'où elle descend dans le poêle *b*; là elle perd encore de sa chaleur en la communiquant à l'air environnant; puis elle continue son mouvement de descente vers la partie inférieure de la chaudière, où elle rentre pour être de nouveau chauffée et reprendre son cours ascensionnel.

Cette disposition fait comprendre que la colonne *e* n'a à supporter que son propre poids, diminué par la forme ascensionnelle du calorique, et qu'ensuite la pesanteur spécifique du courant descendant, jointe au refroidissement successif, fait descendre l'eau avec rapidité. Si l'on commençait par le premier étage pour finir par le dernier, l'effet serait tout contraire et le mouvement très-ralenti.

On ne peut faire monter perpendiculairement le tube ascendant à une hauteur illimitée. Cependant nous l'avons vu élever par M. Léon Duvoir au palais d'Orsay à 15 mètres, et le résultat était excellent.

La pression qu'éprouve l'eau sur chaque pouce carré de surface augmente dans la proportion d'environ 250 grammes pour chaque 33 centimètres (*) de la colonne perpendiculaire. Il en résulte que, si la hauteur de la colonne, à partir du fond de la chaudière jusqu'au sommet du tube, est de 2 mètres, la pression au fond sera de 1,500 grammes sur chaque surface carrée de 27 millimètres de côté; mais si la chaudière a 70 centimètres de haut, la pression au sommet égalera 1,000 grammes, car alors il n'y aura plus au-dessus de la chaudière que 130 centimètres de colonne.

L'explosion d'un appareil à vapeur vient de sa force élastique immense lorsqu'elle est portée à un certain degré; mais, comparée à la vapeur, l'élasticité de l'eau est peu de chose, car elle est presque incompressible, et, si un appareil contenait 3 hectolitres de liquide et qu'il y eût une pression de 1 kilogramme pour 1 centimètre carré, l'eau ne serait comprimée que de 3 centimètres cubes, ou environ la 70e partie d'un litre. Ainsi, l'appareil venant à éclater, la force d'expansion serait parfaitement innocente, car l'eau ne pourrait se dilater que de la quantité de compression qu'elle aurait subie, c'est-à-dire de 3 centimètres cubes.

Ainsi un appareil à eau chaude circulante ne pourrait jamais produire qu'une filtration de l'eau provenant d'une fente de quelque partie de la chaudière tant, du moins, que

(*) La plus grande partie des calculs et des raisonnements qui vont suivre sont extraits de l'ouvrage de M. Charles Hood intitulé : *A Practical treatise on Warming buildings by hot Water.*

ses parois seront de force à supporter le poids du liquide qu'elle contient, ainsi que celui des tubes.

En faisant monter l'eau de la chaudière par un tube vertical *ac*, fig. 41, il en résultera un avantage qu'on ne pourrait obtenir par aucun autre moyen. La puissance motrice de l'eau étant en raison de la hauteur des tubes, on acquiert, en augmentant cette hauteur, la facilité de conduire la circulation jusqu'au dessous du niveau horizontal, pointillé, même figure. Cela est utile surtout s'il s'agit de faire passer les tubes au-dessous d'une porte, d'une croisée, etc., avant que le liquide ne rentre en dernier lieu au fond de la chaudière. — On comprendra l'utilité absolue d'un tube perpendiculaire à la chaudière quand on saura que les angles verticaux des tubes, c'est-à-dire ceux qui conduisent l'eau aux tubes de retour au-dessous du niveau supérieur de la chaudière, augmentent considérablement la force de résistance; car non-seulement ils opposent une résistance toute passive par le fait du frottement, mais ils engendrent une force qui leur est propre et qui est en sens contraire à la direction donnée par le premier mobile.

Nous avons dit que la puissance qui produit la circulation de l'eau est due à la pression inégale exercée sur le tube de retour horizontal, conséquence de la gravité spécifique plus grande dans l'eau du courant descendant que dans celle de la chaudière. Mais, que cette force agisse sur une longue étendue de tube de retour, comme *sg*, fig. 39, ou sur une beaucoup moindre, comme *k*, fig. 40, le résultat sera le même.

Or, cette pression inégale étant le premier mobile de la circulation de l'eau dans l'appareil, il suffira, pour apprécier l'exacte somme de cette force, de connaître la gravité spécifique de chacune des deux colonnes d'eau. La différence entre ces deux gravités sera nécessairement le chiffre de la pression effective ou puissance motrice agissant sur tout l'appareil. Dans les cas ordinaires cette différence n'est pas très-grande, d'où il faudrait conclure que la proportion entre les deux colonnes est peu sensible, mais suffisante.

Si l'on suppose un appareil en action, dont la température du courant descendant *i*, fig. 41, s'élèverait à 75 degrés, l'on estimera alors la pression sur le tube de retour horizontal *k*, en supposant que l'eau de la chaudière excède cette température de 1 à 15 degrés; la hauteur de la chaudière étant de 35 centimètres, la puissance motrice sera, comme il a été dit, de 1/10e de la colonne de retour.

Si l'on admet que dans un appareil semblable à celui de la fig. 39 la chaudière ait 70 centimètres de hauteur, et que la distance du sommet du tube supérieur au centre du tube inférieur soit de 50 centimètres; enfin si l'on admet que les tubes aient 10 centimètres de diamètre, il s'ensuivra que, la différence de température entre l'eau de la chaudière et celle du tube descendant étant de 8 degrés, la pression exercée sur le tube de retour horizontal sera d'environ 10 grammes, somme de la puissance motrice de l'appareil, quelle que soit d'ailleurs la longueur des tubes qu'on y fixe. Si un semblable appareil a 100 mètres de tubes de 10 centimètres de diamètre et que la chaudière contienne 100 litres, il y aura en tout 1,000 litres ou 1,000 kilogrammes d'eau; quantité qui sera mise en mouvement, et continuera à circuler par une force n'excédant pas 10 grammes. Ce calcul de la somme de puissance motrice, comparée au poids de l'eau mise en mouvement, varie selon les circonstances, et, dans tous les cas, la vélocité de la circulation en dépend.

Si l'on veut estimer la vitesse de circulation de l'eau dans un appareil à eau chaude, on devra se formuler la règle suivante : la température de l'eau étant amenée à 75 degrés, la différence de température entre les deux courants principaux étant de 4 degrés, la hauteur de la colonne verticale étant de 3 mètres 50 ; si la même quantité d'eau existe dans chacune des colonnes, la plus chaude des deux s'élèvera dans la colonne à environ la 121e partie d'un centimètre plus haut que dans l'autre, et la vitesse de circulation sera égale à 4 mètres par minute.

La puissance motrice de l'eau circulante étant peu considérable, on concevra que la moindre disposition mauvaise d'une partie de l'appareil sera susceptible de ralentir et même d'interrompre la circulation ; on devra donc apporter tous ses soins à ce que toutes les parties soient disposées selon les données que nous indiquons.

Nous ne connaissons guère que deux méthodes propres à augmenter la différence de température entre les colonnes d'eau ascendante et descendante : 1° en donnant plus de hauteur à la colonne verticale ascendante et plus d'étendue proportionnelle aux tubes formant la colonne descendante, de manière que le liquide ait plus d'espace à parcourir avant de rentrer dans la chaudière; cette méthode est nécessairement limitée dans son application par l'étendue du bâtiment qu'il s'agit de chauffer : 2° en aplatissant les tubes (N, fig. 46, pl. 9-10), qui présenteront alors une plus grande surface eu égard à l'eau qu'ils renferment ; de telle sorte que dans un temps donné l'eau émette par ce moyen plus de calorique.

Mais lorsque, pour surmonter les obstacles qui pourraient se présenter, il s'agit de donner plus de puissance à l'appareil, le mode le plus efficace est celui qui résulte de l'augmentation en hauteur du courant de départ. Cependant, le refroidissement de l'eau n'étant pas en raison de l'espace où elle doit circuler, mais bien en raison du temps qu'elle prend à parcourir ce trajet, on pourrait penser qu'en accélérant la vitesse de la circulation le liquide ne prendra, pour passer dans tout l'appareil, que la moitié du temps qu'il prenait avant, et ne perdra en conséquence que la moitié de sa chaleur ; mais il n'en est pas ainsi, car il faudrait quadrupler la hauteur verticale du tube ascendant ou la longueur du tube horizontal pour que la rapidité ordinaire de la circulation fût doublée : d'ailleurs, si on ne fait que doubler ces tubes, le calorique rayonnant s'émet sans perte sensible, et la puissance étant augmentée brave les obstacles qui pourraient s'opposer à une circulation régulière. Bien qu'il soit reconnu qu'en quadruplant la hauteur verticale de la colonne on doublera la vitesse de la circulation, il faut observer que la différence de température entre le tube de départ et celui de retour sera diminuée d'une moitié, et qu'en conséquence la circulation se ressentira de cette diminution et prendra un cours moyen ; de sorte qu'en quadruplant simplement la hauteur verticale sans augmenter en même temps le tube horizontal, le cours de la circulation ne se trouvera accéléré que d'une fois et demie sa vélocité première.

La circulation des molécules échauffées de l'eau dans une colonne ascendante est bien différente du mouvement qui a lieu dans la colonne de retour : dans le premier cas les molécules, en s'élevant avec une grande rapidité, se déplacent, et l'espace qu'elles occupaient est incessamment rempli par l'eau prenant un cours ascensionnel; un mouvement général est établi en suivant la même direction, plus rapide vers le centre et se ralentissant graduellement vers la circonférence, où, par le fait du frottement, il devient comparativement plus lent. — Dans la colonne descendante l'action change : le mouvement d'eau qui s'opère ressemble à la gravitation d'un corps solide ; alors, les molécules échauffées ne pouvant se frayer un passage à travers d'autres plus froides et plus pesantes qu'elles-mêmes, un seul mouvement uniforme a lieu, différent de la circulation moléculaire caractéristique du courant ascendant.

Ainsi dans l'appareil, fig. 41, le foyer étant au-dessous de *b*, dès que l'eau commence à s'échauffer, un mouvement a lieu de bas en haut de *b* en *c*; un autre courant s'établit de haut en bas dans la colonne *d e*, de la même manière que nous venons de le dire. La circulation s'opérant dans le tube *e g* en raison de la pression exercée par la colonne *d e*, plus grande que celle de *b c*, il est évident que l'eau à partir de *c* prendra son cours vers le point *f* et successivement vers *d* par *h*, *m*, *l*. Cependant, aussitôt qu'une petite quantité d'eau à une température élevée arrivera dans le tube *f h*, la colonne *l m* deviendra plus pesante que *f h*, et conséquemment éprouvera une tendance rétrograde vers la colonne ascendante ; mais quel que soit ce poids il doit se trouver en opposition directe avec celui qu'éprouve la colonne descendante *d e*. Il suit de là que si cette tendance vers le tube *c g* n'est pas assez forte pour contre-balancer la pression qui a lieu dans le tube *l m* et produire un mouvement direct, aucune circulation ne pourra avoir lieu.

En estimant la hauteur additionnelle qu'il est nécessaire de donner à la colonne ascendante afin de surmonter un obstacle, il serait nécessaire de tenir compte de l'étendue et du diamètre du tube que parcourt l'eau depuis son point de départ de la chaudière jusqu'à son point de rentrée : de là dépend la différence de température entre les colonnes ascendante et descendante; différence qui, comme on l'a déjà vu, affecte essentiellement la somme de la force motrice de l'appareil. Si l'ensemble des tubes est d'une grande étendue, il suffit de n'augmenter la hauteur verticale du tube ascendant que de peu de chose ; si, au contraire, ces tubes ont peu de longueur, il faut donner plus de hauteur verticale. D'après ces observations, on voit qu'il serait difficile d'établir une règle unique et infaillible pour fixer l'élévation à donner au tube ascendant : trop de circonstances pourraient la modifier.

Une trop petite distance entre les tubes de sortie et de rentrée à leur insertion dans la chaudière est impuissante à produire une circulation constante et uniforme. Lorsque les deux extrémités des tubes à leur point d'attache à la chaudière sont séparés l'un de l'autre de 35 centim., cette distance, quand il ne s'agit pas de faire descendre le tube de retour au dessous du niveau horizontal, suffira, dans tous les cas où le tube serait d'une étendue raisonnée, pour produire une bonne circulation. Ainsi, dans la fig. 43, admettons que la ligne pointée *y z*, du sommet de l'appareil jusqu'à la partie inférieure du tube à sa rentrée à la chaudière, soit de 1 mètre, en supposant un diamètre de 8 centim. aux tubes, la ligne *a b* aura alors 60 centim.; on remarquera que le tube au point *b* ne descend pas plus bas que l'orifice de la chaudière et que la hauteur entre les deux insertions des tubes, soit *b d*, est de 35 centim., distance nécessaire pour obtenir une bonne circulation, lorsque surtout la colonne descendante ne devra pas être perpendiculaire au tube horizontal de retour. Ce qui fait que dans la disposition de cet appareil une distance de 35 centim. suffit malgré le frottement extrême qui a lieu aux angles, c'est que la température a une différence opposante plus grande entre les colonnes *c f* que celle qui existe entre *g h*, ainsi qu'entre *i* et *l*. En raison de cette différence, la tendance vers un mouvement direct est plus grande que la tendance rétroactive et suffit pour surmonter le frottement causé par les diverses déclinaisons verticales. S'il y avait un espace de 15 mètres qui séparât *g i* de *h l*, au lieu d'une distance de un à deux mètres, la circulation directe aurait toujours lieu; mais elle éprouverait beaucoup plus de lenteur, parce qu'alors la pression deviendrait plus forte en *h* et conséquemment la tendance rétrograde s'en trouverait augmentée.

La difficulté d'établir la circulation de l'eau dans cette forme d'appareil est toujours plus grande au moment où l'on vient d'allumer le foyer, parce que la température des tubes conducteurs *g h* sera presque égale aussitôt que le liquide commencera à s'échauffer; dans ce cas, il sera bon de faire écouler de l'eau par le robinet de décharge *r*, afin de produire un courant plus actif à mesure que l'on versera cette même eau dans le tube de remplissage *t*.

Des robinets de décharge devront être également posés aux angles inférieurs des tubes *i* et *g*, afin de pouvoir vider complètement l'appareil du liquide qu'il renferme.

Dans ces formes d'appareil, où l'on est obligé de donner plusieurs contours aux tubes, nous devons appeler l'attention sur la nécessité de les purger de l'air qu'ils contiennent. En remplissant d'eau l'appareil, fig. 43, l'air ne pourra s'échapper aux angles *m m m*; des issues seront donc ménagées à ces trois points, au moyen de tubes plus ou moins élevés, et recouvertes seulement par de petits couvercles en métal concaves en dessous, pour que le peu de vapeur d'eau qui s'élèverait dans ces tubes vienne se condenser sur cette partie galbée à l'intérieur, où, se réunissant au centre, elle formera une goutte qui entraînée par son propre poids retombera d'elle-même.

Ces tubes se placeront, le premier et le plus essentiel, au-dessus de la chaudière en B, fig. 37; G, fig. 38, et en *t*, fig. 43. Celui-ci est surmonté d'un petit entonnoir et sert au remplissage de tout l'appareil. La position des autres issues ménagées à l'échappement de l'air dépendra du plan adopté pour l'appareil; elles devront dans presque tous les cas être placées aux angles les plus élevés des contours formés par les tubes, et de 15 en 15 mètres aux tubes horizontaux des appareils de grande longueur. Non-seulement ils doivent avoir tous leur orifice supérieur au même niveau entre eux, mais encore ils doivent être assez élevés pour servir à l'expansion de l'eau, qui est du vingtième de 0 à 100 deg.

Néanmoins on n'a pas besoin de ce vingtième entier

pour l'expansion de l'eau, car elle ne peut être à 100 deg. que dans la chaudière et y revenir à 30 ; ce qui ferait une chaleur moyenne de 65 degrés. Il faut compter encore sur la dilatation même du métal qui augmente la capacité des tubes. Le peu de vapeur qui pourra se former n'exigera pas non plus beaucoup de place, car elle se condensera dans ces tubes de sûreté, couverts, ainsi que nous venons de l'indiquer, aux points *m m m* de l'appareil, fig. 43.

Cependant on entendra souvent recommander, par les constructeurs et par des personnes qui font usage du thermosiphon, de ménager du vide dans la chaudière et dans les tubes, afin de donner de la place pour l'expansion et pour la vapeur. Est-il bien raisonnable de faire cette recommandation, et de laisser vide une partie d'un appareil que l'on a construit dans une proportion convenable au but désiré, et de perdre ainsi son effet?

On devra apporter une grande attention à reconnaître les parties élevées de l'appareil qui pourraient arrêter l'air, lorsque l'on remplit d'eau, afin d'y placer les tubes d'expansion dont nous venons de parler. Le moindre changement dans le placement des tubes courants exigera souvent toute autre disposition de ces tubes de sureté.

Ce que nous avons fait remarquer pour la hauteur à donner au tube ascendant eu égard à la déclinaison verticale au-dessous du niveau horizontal de la chaudière s'applique également à toutes les formes que l'on voudra donner à l'appareil.

Il est des dispositions particulières de locaux qui nécessitent de faire courir la colonne descendante, de telle sorte que le tube de retour vers la chaudière doive passer bien au-dessous de la ligne de base de celle-ci sans que la circulation en soit arrêtée, ainsi que cela a lieu fig. 44. Dans cette disposition la circulation dépend absolument de la chaleur émise par le récipient *p*, car, dès que l'eau commence à s'échauffer, il est évident que le mouvement direct devra résulter de la pression du liquide dans le récipient *p* et la colonne de pression *d*, plus grande que celle qui est exercée dans la chaudière et le tube d'ascension; si la colonne descendante était formée d'un simple tube vertical, l'eau dans le tube *e*, à partir de la ligne ponctuée, étant plus légère que celle renfermée dans le tube *f*, il s'effectuerait dans cette partie de l'appareil un mouvement rétrograde qu'on ne pourrait empêcher: or, le récipient *p*, par sa disposition, rayonne une certaine quantité de calorique; toute la colonne, à partir du sommet du récipient jusqu'à l'angle *e*, devient plus pesante que la colonne *af*, et dans une proportion suffisante à pouvoir surmonter le frottement. Il résultera de ces deux forces opposées que la circulation s'établira et que sa rapidité sera en raison de cette pression exercée par le fait de la colonne de pression, terminée et rendue plus puissante par le récipient.

En donnant une forme plus compliquée à l'appareil, fig. 45, on obtiendra un résultat identique en suivant la même méthode. La colonne, à partir du sommet du récipient *s* jusqu'à *d*, doit éprouver une pression plus considérable que celle qui se fait sentir en *ac*, et conséquemment former un obstacle assez fort pour surmonter la tendance au mouvement rétrograde qui peut se produire dans les autres parties de l'appareil; ainsi, l'eau dans le tube *gh* étant plus pesante que celle du tube *il*, et celle qui remplit la partie du tube *e* au-dessous du niveau de la chaudière étant plus légère que celle qui monte du tube *f* jusqu'à son réservoir, il y aura nécessairement un effort rétroactif d'autant plus grand que les colonnes *i l* et *g h* seront plus éloignées l'une de l'autre: or la puissance motrice dépend absolument du refroidissement qu'éprouve le récipient *s*, puisqu'il faut, pour effectuer la circulation, que la température baisse de plusieurs degrés pour donner à la colonne descendante une prépondérance sur l'eau de la chaudière et de la colonne d'ascension. Aussi serait-il préférable d'y placer un serpentin au lieu d'un récipient.

Si dans ces appareils le récipient était placé plus bas qu'il n'est représenté, l'effet du mouvement diminuerait en proportion; baissé au-dessous de la ligne ponctuée, à peine pourrait-on obtenir quelque circulation ; enfin sans colonne de pression rendue plus puissante par le récipient, la puissance motrice se trouverait complétement neutralisée (*).

La circulation, dans un appareil à eau chaude, éprouve toujours quelque ralentissement par l'effet du frottement du liquide sur les parois intérieures des tubes. Il est difficile de soumettre au calcul la force de cette résistance; mais on pourra se rendre compte du frottement relatif aux diverses grosseurs de tubes en se basant sur ce principe, que la résistance est en raison directe de l'étendue de surface des tubes et en raison inverse de tout le volume d'eau : ainsi un tube de 6 centimètres de diamètre présentera une circonférence de 18 centimètres; mais si on donne à ce tube un diamètre de 12 centimètres, sa circonférence sera également doublée tandis que, dans ce dernier le volume d'eau sera quadruple du volume que contiendrait le tube de 6 centimètres. Il est facile de comprendre alors que la résistance due au frottement sera plus sentie dans les tubes d'un petit diamètre, par le fait de la plus grande surface relative qu'ils présentent au contact de l'eau, et aussi par le fait de la circulation rendue plus active.

La résistance relative des tubes de diverses proportions peut être telle que nous allons la noter, en supposant que l'eau circule dans chacun avec la même vitesse :

Diamètres des tubes.. . . .	15	30	60	90	120 millimètres.
Résistance due au frottement.	8	4	2	1 ½	1

La puissance motrice dans les appareils à eau chaude est donc sujette à des variations constantes : d'un côté la disposition générale des colonnes et des tubes secondaires offrant une plus ou moins grande facilité à la circulation ; de l'autre, le frottement augmentant avec la vitesse du mouvement, et ce mouvement étant ralenti soit par le frottement, soit par la température des salles destinées à être échauffées, il arrive alors que la vitesse effective finit par prendre une impulsion moyenne, ce qui est le fait d'un appareil bien entendu.

On a supposé à tort que dans le cas où l'on fixerait à un tuyau principal deux ou plusieurs tubes de circulation, l'aire ou la section du tuyau principal devait être égale à la somme des aires de tous les tubes latéraux. Cette dispo-

(*) Quoi qu'il en soit des démonstrations de M. Hood, en qui nous avons toute confiance, nous croyons cependant que le mouvement, dans des appareils dont les tubes sont ainsi contrariés dans leur contour, doit se ralentir plus ou moins. Tel a été, du moins, le résultat de nos expériences.

sition, lorsqu'on l'a exécutée, a entraîné les plus graves inconvénients. En pareil cas on s'est servi de tuyaux principaux de 20 centimètres de diamètre, tandis qu'étant de 10 centimètres ils eussent mieux atteint le but que l'on se proposait. Si le tuyau principal, partant de la chaudière, doit fournir l'eau à quatre tubes latéraux, le diamètre n'en devra pas être de beaucoup augmenté, et encore cette augmentation n'est pas d'une absolue nécessité ; elle ne serait même pas utile si les tubes secondaires n'étaient qu'au nombre de deux ou trois, à moins toutefois que le tube conducteur horizontal ne fût d'une grande longueur. Si le nombre de ces tubes secondaires devait être de plus de quatre, il serait alors utile d'augmenter le diamètre du tuyau principal : quoique cependant la circulation de l'eau, dans ce tuyau, sera d'autant plus rapide qu'il y aura plus de tubes latéraux.

Supposons, pour exemple, que quatre tubes latéraux de 10 centimètres de diamètre doivent recevoir l'eau d'une colonne principale de 20 centimètres de diamètre ; celle-ci présentera en capacité la même section que les quatre tubes dans lesquels elle déverse le liquide, elle perdra de sa chaleur en diminuant d'autant celle qu'elle doit transmettre aux tubes secondaires ; la circulation sera plus lente, l'eau étant refroidie avant le temps voulu ; mais si au lieu d'un tuyau de 20 centimètres on ne lui en donne que 12, le liquide alors devra prendre, dans cette colonne, un courant trois fois et demie aussi rapide que dans celle de 20 centimètres, une plus grande somme de chaleur sera transmise aux tubes latéraux, et l'effet désiré sera d'autant plus complet que la colonne ascensionnelle étant plus étroite perdra moins de sa chaleur avant de diviser son contenu dans les quatre autres canaux.

D'après le même principe, quand il s'agira de chauffer, par le moyen d'une seule chaudière, deux chambres ou deux bâtiments peu distants l'un de l'autre, on trouvera souvent un grand avantage en faisant le tube de conduite entre les salles beaucoup plus étroit que celui destiné à émettre la chaleur. Il y aura dès lors économie de chaleur et d'argent en diminuant la grosseur du tube là où il s'agit seulement de rapprocher et de lier entre elles les différentes parties de l'appareil.

Lorsque la colonne ascendante déverse son eau dans plusieurs branches, l'eau circule simultanément dans toutes, et toutes les parties de l'appareil sont échauffées. Si l'on a jugé que l'on serait obligé d'arrêter le mouvement de l'eau dans un ou plusieurs de ces tubes, on aura dû avoir la précaution d'adapter des robinets d'arrêt au commencement des embranchements. Il n'est pas nécessaire que les robinets destinés à cet usage soient aussi larges que le calibre des tubes, car étant plus petits l'eau annulera d'autant plus facilement l'obstacle qu'ils présentent. Il faut observer que cette sorte d'obstacle à la circulation amène une différence sensible de température entre le tube qui fournit l'eau et celui qui la reçoit, et qu'alors l'ouverture du robinet fait augmenter vers ce point la vélocité de la circulation.

Il ne faut pourtant pas que la disproportion soit trop grande ; néanmoins un orifice de 7 centimètres pourra convenir pour un tube de 10 centimètres, de manière à ne diminuer l'aire ou section que de moitié du total.

Pour interrompre la *circulation dans un tube plat*, on fait une *vanne*, c'est-à-dire une lame de cuivre y glissant entre deux rainures du tube, fig. 16, pl. 9-10; il faut, par conséquent, établir l'horizontalité du tube, ou faire manœuvrer dans un tube supérieur.

Tubes d'expériences.

Les personnes qui voudraient étudier le mouvement de l'eau au travers de tubes placés dans des conditions de formes particulières feront bien d'essayer sur de petits appareils dont les tubes seront en verre, afin de pouvoir juger de la vitesse de la circulation.

On devra se rappeler, toutefois, que le frottement dans ces appareils en miniature est beaucoup plus grand.

On ne devra donc faire ces essais qu'avec l'idée que l'expérience sera relative à la dimension des appareils, et que leur établissement sur une grande échelle donnerait un résultat comparatif beaucoup plus exact et plus avantageux.

Dans le chapitre du *Mouvement de l'eau dans le thermosiphon*, nous avons donné des détails qui pourront guider dans ce genre d'expériences.

Quelques aperçus sur la capacité de la chaudière et de ses tubes.

La puissance du thermosiphon dépend : 1° de la quantité d'eau qu'il contiendra, soit qu'elle circule dans des tubes, ou qu'elle passe dans des récipients ou poêles d'eau ;

2° Du soin qu'on aura mis dans le placement des tubes pour que, dans son parcours, l'eau ne rencontre point d'obstacle et coule avec rapidité ;

3° Du degré de chaleur de l'eau, qui doit partir de la chaudière le plus près possible de l'ébullition, et rentrer avec le moins de degrés possible, ce qui ne peut guère avoir lieu au-dessous de 30. — En effet, si on plaçait assez de tubes pour que la longueur du parcours permît à l'eau de revenir à un degré trop bas, il en résulterait qu'une partie de ces tubes produirait trop peu d'effet et serait d'une dépense inutile.

Mais pour obtenir le refroidissement à 30 degrés il faut un immense parcours, tel que 2 ou 300 mètres, et pour que la circulation soit d'une utilité complète il est nécessaire qu'aucun obstacle n'en ralentisse le mouvement.

En effet, si la circulation était lente, il reviendrait à la chaudière une moindre quantité d'eau dans un temps donné, et l'on ne pourrait utiliser sa capacité ou le combustible qu'on y emploierait et dont le produit calorifique se perdrait par la cheminée.

La forme à déterminer pour l'établissement de l'appareil dépendra : du besoin que l'on aura de chauffer avec promptitude, sans s'inquiéter que la chaleur se conserve long-temps après que le foyer sera éteint, ou du besoin de chauffer long-temps sans être obligé de surveiller le renouvellement du combustible, et sans obligation que le local arrive promptement à un changement de température.

Le chauffage des serres chaudes nécessite l'emploi du

premier moyen à cause des changements brusques de température survenant dans l'atmosphère. Le second moyen convient aux habitations et surtout aux serres tempérées pour lesquelles on ne veut pas s'astreindre à surveiller le foyer pendant la nuit.

Si l'on veut que la chaleur se conserve plusieurs heures après que le foyer est éteint, de larges tubes ou des repos de chaleur dans des poêles d'eau seront indispensables; mais, dans le cas où il importe peu que la chaleur se conserve après l'extinction du feu, ou dans le cas où l'on sera à même d'entretenir le feu constamment, on pourra alors se servir avec avantage de petits tubes. On peut établir comme règle générale qu'on ne doit se servir dans aucun cas de tubes dont le diamètre excède 10 centimètres; car, si le diamètre en est plus grand, le volume d'eau qu'ils contiennent est si considérable, qu'il faut un long temps avant de le chauffer, ce qui fait que l'excédant du chauffage devient pour la dépense un objet important. Pour toute espèce de serres et bâtiments, il serait généralement mieux d'employer des tuyaux méplats de 2 à 3 centimètres d'épaisseur sur une hauteur de 17 à 33 centimètres; nous ne conseillons pas d'en employer de plus grands.

Pour un appareil à vapeur la capacité de la chaudière doit être exactement proportionnée à l'étendue du tube qui en dépend.— Le contraire arrive pour un appareil à eau chaude : par rapport au calibre des tubes, elle sera d'une moindre capacité; pourvu, toutefois, qu'elle présente au foyer et aux produits de la combustion d'assez larges surfaces.

On voit dans les appareils employés par M. Grison, figures 47 et suivantes, et décrits ci-après, que l'on obtient ces surfaces au moyen de plateaux. Nous donnerons avec ces descriptions l'application des différents appareils.

Jusqu'à présent on a procédé le plus souvent par tâtonnements dans l'établissement des appareils, parce que les savants n'avaient pas toujours été appelés auprès des constructeurs pour les aider à calculer les surfaces de chauffe qu'il est nécessaire de donner aux appareils; en conséquence aucune donnée claire et positive n'avait été publiée sur ce sujet, hors ce que M. Peclet en avait indiqué par des formules algébriques dans son Traité de la chaleur. Un amateur d'horticulture, M. Sebille Auger, qui s'est occupé depuis quatre ans de calculer les effets du thermosiphon, a bien voulu nous communiquer le résultat de ses savants travaux. Nous ferons un extrait des matériaux qu'il a bien voulu nous communiquer; lequel, dépouillé des formules algébriques et mis en langage vulgaire, sera placé, sous forme d'appendice, à la fin du présent ouvrage.

Dans l'absence de données exactes, voici comme la plus grande partie des constructeurs de thermosiphons calculent :

S'il s'agit d'une chambre habitée dans un pays de moyenne température, telle que celle de Paris, on peut compter un mètre carré de surface de tubes d'un thermosiphon pour 40 mètres cubes de chambre.

Dans les serres presque entièrement closes de vitrage,

un mètre carré de superficie des mêmes tubes ne comptera que pour 5 à 10 mètres cubes, selon que l'on voudra la serre plus ou moins chaude.

On a quelquefois cherché à employer de très-petites chaudières en fer et on les a échauffées à un tel point qu'il en est résulté un effet tout contraire à celui qu'on en attendait. La cause de l'inefficacité de cette forme de chaudière vient de ce que la quantité d'eau qu'elle contient étant très-petite et l'action du feu très-grande, une répulsion s'opère entre la paroi et l'eau; en conséquence de quoi, celle-ci ne reçoit pas toute la somme de chaleur. Cette répulsion a lieu, jusqu'à un certain point, même à des degrés de chaleur très-modérés; et elle agit, avec plus ou moins de force, à des températures variées, au-dessous du degré de chaleur de l'eau bouillante. A mesure que la température s'élève, la répulsion redouble d'activité; de sorte que le fer rouge repousse complétement l'eau, en lui communiquant à peine la moindre chaleur: si ce n'est peut-être quand elle est soumise à une forte pression.

Thermosiphon à effet prompt.

Les thermosiphons peuvent être divisés en deux classes:

1° Ceux qui doivent donner une chaleur presque instantanée;

2° Ceux qui doivent procurer une température douce et durable.

Les premiers sont applicables aux serres chaudes, à celles des primeurs et de multiplication. En effet, quand par un temps froid, le soleil qui échauffait suffisamment et même surabondamment ces locaux, vient à être voilé tout d'un coup, le jardinier est obligé pour maintenir ses plantes dans un état de végétation permanente, de remplacer par artifice la chaleur qui lui manque. Alors il faut que l'appareil destiné à cet usage soit pourvu d'une grande étendue de tubes minces, et que la chaudière rentre dans la même condition : celle d'offrir une grande surface de chauffe et de contenir assez peu d'eau pour qu'en peu de temps cette quantité parvienne au degré de l'ébullition.

Il faut, au contraire, des vases d'une grande capacité de liquide aux thermosiphons destinés au chauffage des habitations et à celui des serres où il n'y a pas de raisons pour chauffer avec tant de promptitude, tandis qu'il y en a pour produire une chaleur égale et qui dure long-temps.

Nous traiterons d'abord des thermosiphons à effet prompt.

La fig. 47 offre une chaudière en cuivre composée de plateaux *a* à doubles parois, c'est-à-dire creux à l'intérieur et destinés à être remplis d'eau par l'ouverture *b* où sera placé le tube de remplissage. — C est le foyer; l'air brûlé s'écoule par D, E, F. Cette fig. 47 représente l'appareil par-devant, du côté de l'ouverture du foyer dont on peut voir la porte J, fig. 49, avec la même figure représentée sous l'enveloppe des briques par des lignes ponctuées. La fig. 48 représente la partie postérieure, où l'on saisit de même le parcours de l'air brûlé. La fig. 50 est la coupe longitudinale d'un semblable appareil sur une échelle un peu plus grande. La chaudière s'établit sur un lit de briques, fig. 48. On construit autour un petit mur de briques sur champ ou à plat afin de soutenir les côtés *a d*, que le poids de l'eau ferait gonfler, et afin aussi de compléter l'appareil en achevant les conduits d'air brûlé D, E, F, G. On pourrait cependant composer cette enveloppe en cuivre, formant, comme pour le reste, des plateaux à doubles parois, et contenant de l'eau, mais il est évident que la dépense serait peu profitable, quand la chaudière ne serait pas destinée à chauffer par elle-même, mais à échauffer l'eau des tuyaux qui doivent circuler dans les lieux à échauffer.

Les plateaux *a* communiquent tous ensemble; de manière qu'en versant l'eau par l'orifice *b*, tous ces plateaux et les tubes conducteurs se remplissent à la fois. Les *tubes bouilleurs c* communiquent encore avec les plateaux. Leur effet est de multiplier les surfaces de chauffe, cependant on n'en fait pas toujours usage; et selon la puissance que l'on veut donner au thermosiphon, on en adapte plus ou moins. Par exemple, ceux qui sont le plus utiles, parce que leur effet est plus rapide, sont ceux qui sont désignés dans les fig. 47, 48, 50, par la lettre K. Les bouilleurs du bas servent de grille sur laquelle pose le combustible. On se sert rarement de ceux des côtés; mais c'est par économie, car leur utilité est incontestable.

Quand les chaudières sont grandes, on incline les côtés de la partie supérieure comme en F, fig. 47 et 51; mais quand elles sont de petite proportion, on établit ces côtés droits comme E, fig. 48.

Si l'on n'avait pas suffisamment compris l'explication des fig. 47, 48, 49, nous engageons les lecteurs à étudier les fig. 50, 51, 52, portant les mêmes lettres de renvois.

Aux fig. 51, 52, se voient les tubes de départ L et de retour M de l'eau de circulation, et la manière dont ils sont ajustés à la chaudière. Ces tuyaux sont disposés ici pour le chauffage d'une serre où ils doivent être placés à 60 ou 80 centim. du sol; mais on pourra les disposer tout autrement selon les besoins, et suivre la direction indiquée en P, fig. 52, par des lignes ponctuées.

Les tubes que nous supposons ici sont de forme aplatie; ils s'embranchent dans un tuyau rond *p*, lequel est soudé à la chaudière. La coupe de ces tubes est représentée en N, fig. 52. Leur mesure est ordinairement de 16 centim. de haut sur 25 millim., on peut leur donner jusqu'à 30 centim. en cuivre sur 30 millim; mais il faut alors, s'ils sont en cuivre mince, qu'ils soient soutenus sur leurs flancs, afin de ne pas céder à la pression de l'eau. Quand on veut obtenir de l'humidité dans la serre, on les fait surmonter de petits rebords *o o*, de 2 à 3 centim., pour retenir de l'eau que l'on y verse ou que l'on y fait parvenir par un tuyau et un robinet. L'évaporation qu'elle produit est utile dans certains cas dont les jardiniers sont appréciateurs.

Jusqu'à présent, parmi les différentes formes de thermosiphons, on n'en a pas fait connaître à effet plus prompt, et de construction plus simple en même temps, que celui dont nous venons de donner la description. Personne mieux que son inventeur, M. Grison, chef des cultures de primeur au potager et fruitier du roi à Versailles, n'était à même de faire des expériences bien suivies, et l'appareil qu'on doit à ses soins a rendu à la science horticole un service qui peut s'étendre beaucoup plus loin dans plusieurs arts ainsi que dans le chauffage des habitations.

Si l'on veut appliquer la ventilation à un thermosiphon de M. Grison, on pourra procéder comme pour les appareils à air chaud : c'est-à-dire que l'on fera arriver de l'air extérieur sur les côtés de la chaudière comme il a été dit pour les côtés de la cloche du calorifère.

Mais il serait mieux, dans les appartements, de faire arriver l'air du dehors, en lui faisant suivre les canaux pratiqués sous les planchers où les tubes d'eau sont placés de distance en distance; on établit des ouvertures fermées par des registres ouvrant à volonté pour introduire la chaleur. Ces mêmes canaux peuvent être établis dans les murs.

Il est absolument nécessaire, en tout cas, que de l'air venant d'un lieu moins chaud passe dans les canaux et s'échauffe à leur contact, autrement la chaleur s'y concentrerait sans utilité.

Voici une application de l'appareil dont il vient d'être question.

Une serre très-grande, à Suresnes, près Paris, est entièrement vitrée. — Elle contient environ 2200 mètres cubes d'air, savoir : 40 mètres de longueur, 13 de largeur et 7 d'élévation à deux pans. Cet air est échauffé par quatre thermosiphons des mêmes proportions que celui de la fig. 50 et de 1 mètre 65 cent. de longueur, n'ayant de bouilleurs qu'à la partie supérieure. Chaque thermosiphon est placé vers l'un des angles de la serre et envoie ses tubes d'eau chaude jusqu'au milieu, ce qui produit à chacun, compris 2 mètres de profondeur où sont placés les appareils, 50 mètres de tubes méplats de 32 cent. de hauteur sur 3 cent d'épaisseur. On ne brûle que du bois. Les 4 appareils construits par M. Fontaine, de Versailles, sont soudés à l'étain et ont déjà duré 4 ans sans nécessiter aucune réparation. La serre est un conservatoire où les plantes n'ont besoin que d'être garanties de la gelée.

Nous indiquerons, dans le tableau suivant, la force de ces chaudières, qui devront être choisies suivant la dimension des serres et leur nature, et nous y ajouterons les prix de revient tels qu'ils sont établis dans la fabrique de M. Fontaine, rue Saint-Pierre, n° 1, à Versailles. Nous ajouterons ceux des tubes cylindriques et méplats.

Nous n'avons indiqué ni la dimension, ni le poids de chaque chaudière pour le chauffage des habitations, il sera facile d'apprécier ces deux rapports en prenant pour base les chaudières qui sont appliquées aux serres froides proprement dites, sauf à en modifier les formes qui ne sauraient être celles qu'on donne aux chaudières des serres en général. La forme des chaudières pour les habitations pourrait être cylindrique, elles seraient garnies, comme les autres, de tuyaux bouilleurs; ces chaudières pourraient ainsi être placées au point le plus bas de la maison qu'on aurait à chauffer, sans qu'on eût de gonflement ni de rupture à craindre. Ce qui ne saurait avoir lieu en conservant la forme de celles qui sont destinées aux serres, même en soutenant les côtés avec des briques: car les plateaux intérieurs a pourraient gonfler par le poids des tuyaux ou des poêles d'eau qui seraient placés au-dessus du niveau de la chaudière.

Ainsi, toutes les fois que les tubes ne seront pas plus élevés que la chaudière, on les emploiera méplats, et l'on fera usage de chaudières plates.

Quand il y aura des tubes ou des poêles d'eau placés au-dessus du niveau de la chaudière, toutes les parties inférieures devront être rondes, tubes et chaudières, afin de résister au poids de l'eau supérieure. — Autrement, on devra employer de la fonte ou du fer battu.

TABLEAU

présentant les dimensions, les poids et les prix des chaudières carrées en cuivre pour le chauffage des serres froides, des serres tempérées et des serres chaudes, suivant le cube d'air qu'elles contiennent.

SERRES FROIDES.				SERRES TEMPÉRÉES.				SERRES CHAUDES.			
CAPACITÉ des serres.	DIMENSIONS des chaudières.	POIDS des chaudières.	PRIX des chaudières.	CAPACITÉ des serres.	DIMENSIONS des chaudières.	POIDS des chaudières.	PRIX des chaudières.	CAPACITÉ des serres.	DIMENSIONS des chaudières.	POIDS des chaudières.	PRIX des chaudières.
	longueur.		fr. c. fr.		longueur.		fr. c. fr.		longueur.		fr. c. fr.
50m cubes	0m40	pesant 12k	à 4 50 54	50m cubes	0m50	pesant 20k	à 4 50 90	50m cubes	0m80	pesant 36k	à 4 50 162
100 id.	0 65 id.	id. 28	id. 126	100 id.	0 80 id.	id. 36	id. 162	100 id.	1 45 id.	id. 60	id. 270
150 id.	0 80 id.	id. 36	id. 162	150 id.	1 15 id.	id. 42	id. 189	150 id.	1 65 id.	id. 75	id. 338
200 id.	1 15 id.	id. 42	id. 189	200 id.	1 46 id.	id. 60	id. 270	200 id.	1 90 id.	id. 95	id. 428
300 id.	1 65 id.	id. 75	id. 337	300 id.	1 80 id.	id. 90	id. 405	300 id.	deux de 1m80	id. 180	id. 810
400 id.	deux de 1m45	id. 120	id. 540	400 id.	deux de 1m65	id. 150	id. 675	400 id.	deux de 2 00	id. 220	id. 990
500 id.	deux de 1 65	id. 150	id. 675	500 id.	deux de 1 80	id. 180	id. 810	500 id.	deux de 2 30	id. 250	id. 1125

TARIF

des prix des tubes méplats et cylindriques en cuivre.

TUYAUX MÉPLATS DE 20 m/m.					TUYAUX CYLINDRIQUES.				
DIMENSION.	DÉVELOPPEMENT.	N° DU CUIVRE.	POIDS DU MÈTRE.	PRIX DU MÈTRE.	DIAMÈTRE.	DÉVELOPPEMENT.	N° DU CUIVRE.	POIDS DU MÈTRE.	PRIX DU MÈTRE.
milli.	m. c.		k. d.	fr. c.	milli.	millim.		k. d.	fr. c.
120	0 28	16	1 50	6 »	55	172	12	0 75	3 »
170	0 38	id.	2 »	8 »	81	254	id	1 05	4 20
210	0 46	id.	2 40	9 60	81	254	16	1 40	5 60
210	0 46	20	2 95	11 80	95	298	id.	1 60	6 40
260	0 56	id.	3 60	14 40	110	345	id.	1 85	7 40
325	0 69	id.	4 40	17 60	110	345	20	2 25	9 »
325	0 69	25	5 50	22 »	110	345	25	2 75	11 »
					135	424	20	2 75	11 »
					135	424	25	3 25	13 40
					160	502	id.	4 »	16 »
					160	502	30	4 75	19 »
					68	213	12	0 90	3 60

Les chaudières de forme simple, telle que la forme cylindrique, peuvent se fabriquer en tôle ou en cuivre, alors on rejoint les feuilles par une clouure très-serrée et à l'aide d'un mastic au sel ammoniac. Le cuivre, surtout, se prête plus facilement aux différentes formes que l'on a eu vue, ces métaux ne sont pas sujets à se casser comme la fonte de fer.

Les chaudières de fonte sont coulées sur la forme que

l'on veut leur donner, d'après des modèles exécutés en bois. Les différentes parties se réunissent par des collets appliqués l'un sur l'autre et que l'on serre avec des écrous, les joints étant remplis avec du mastic de fonte dont nous parlerons à l'article des tuyaux.

Quant à la dépense à faire selon l'emploi de l'un ou de l'autre métal, il est certain que la tôle reviendra moins cher, même en égard à la vente du vieux métal lorsque la chaudière est hors de service.

D'après les calculs indiqués par M. Peclet, les trois métaux pourraient être comptés dans les proportions suivantes relativement

	Au poids.	A la dépense.	Au rapport de la valeur des matières hors de service comme :
Fonte :	» 87	1	4 à 1
Tôle :	16	» 57	6 à 1
Cuivre :	26	2 72	1,6 à 1

Il est à supposer, quant à la durée des métaux, que le cuivre pourra durer bien plus long-temps que la tôle ou la fonte. Cependant il est impossible de rien déterminer à cet égard, car la durée dépend d'une foule de circonstances relatives au combustible et aux milieux gazeux ou liquides dans lesquels les métaux seront placés.

Les tuyaux de fonte de fer de 8 centim. de diamètre coûtent à Paris environ 5 fr. 42 c. le mètre, calculé à 35 fr. le quintal métrique.—Le prix de chaque bride pour jonction est de 2 fr. Ordinairement ces tuyaux n'ont que 80 centim. de longueur et il faut une bride à chacun.

On ne saurait trop répéter que les tubes de communication, à leur départ, doivent être enveloppés de matières non conductrices du calorique, afin qu'ils puissent conserver toute leur chaleur et la porter où elle est nécessaire.

Arrivés dans les pièces à échauffer ils dégagent le calorique par des bouches de chaleur grillagées. Les tubes de retour passent sous le sol. Ces conduits sont recouverts de planches que l'on peut enlever pour les visiter. L'air arrive du dehors en suivant ces conduits, où il s'échauffe, et se dégage dans les pièces par des bouches de chaleur.

Système à haute pression de M. Perkins.

Le système proposé et mis à exécution en Angleterre par M. Perkins, peut avoir la promptitude de celui de M. Grison; mais il exige une beaucoup plus grande quantité de tubes en fer d'une grande épaisseur, et ces tubes ne peuvent, comme ceux de cuivre, se confectionner partout. Ils sont en outre d'un prix très-élevé. A Londres ils ne coûtent que 1 fr. 25 cent. les 30 centimètres; mais ici ils reviennent, suivant les annonces de M. Gandillot, le seul qui en fabrique en France, à 9 francs le mètre.

Néanmoins cet appareil mérite d'être étudié à cause de la différence de son système, qui est à haute pression (voir page 45, la note).

La forme de l'appareil est des plus simples; *il consiste en un tube ou conduit sans fin, du diamètre extérieur* de 25 millimètres, rempli d'eau (*). Un sixième environ de ce tube,

(*) La coupe d'un fragment de ce tube est représentée demi-grandeur naturelle, fig. 53.

situé près du foyer, est tourné sur lui-même plusieurs fois comme les câbles que les marins plient lorsqu'ils ne doivent pas servir, à cette différence près qu'on laisse un espace entre chaque tour du tube. Les autres cinq sixièmes sont chauffés par la circulation de l'eau qui, partant de l'extrémité supérieure du *serpentin d e e*, fig. 54, distribue la chaleur dans sa course et revient rafraîchie au bas de l'appareil pour être chauffée de nouveau (*).

Un tube appelé *tube d'expansion b*, B, fig. 54, est placé au-dessus du niveau le plus élevé du tube servant à la circulation. L'orifice de l'appareil *s*, est de niveau avec l'extrémité inférieure du tube d'expansion; de telle sorte qu'en y versant l'eau elle remplisse exactement toutes les parties du petit tube, sans entrer dans celui-là. Ce tube d'expansion est généralement d'un diamètre plus large que ceux qu'on emploie pour le chauffage des surfaces, sa longueur est proportionnée à celle du tube dont il est l'accessoire. Étant toujours vide, il permet à l'eau une fois chauffée de se dilater sans craindre de faire éclater les tubes principaux.

L'eau chauffée jusqu'à 100 degrés s'étend de 5 pour cent en raison du degré de chaleur, de là la nécessité de donner à l'eau une expansion suffisante.

La pratique a prouvé qu'un espace d'expansion de 15 à 20 pour cent est suffisant pour le plus grand degré de chaleur que l'eau puisse atteindre.

La tendance naturelle qu'a une colonne d'eau chaude à monter doit être aidée, autant que possible, en plaçant le foyer de l'appareil de manière que le tube ascendant *a*, fig. 54, partant du serpentin, s'élève sans déviation jusqu'au niveau de l'orifice et au-dessous du tube d'expansion *b*, B: alors, de ce point on pratique deux colonnes descendantes *c c*; mais il est indispensable qu'avant de rentrer dans le fourneau ces colonnes soient réunies en un seul tube P, même fig.

La chaleur est communiquée à l'atmosphère des appartements par la surface extérieure des tubes, qui sont placés dans la chambre en serpentins entourés d'une menuiserie imitant un piédestal E, fig. 55, auquel, sur le devant, on a ménagé une ouverture fermée par un treillis établi, d'ailleurs, de la manière qu'on jugera la plus convenable. Dans la figure on représente un de ces piédestaux vu par derrière et placé contre le mur, ainsi que les deux tubes ascendants et descendants.

Dans la fig. 56, les colonnes descendantes et ascendantes passent à l'angle du côté où se trouveraient les cheminées, et les serpentins sont placés dans leurs foyers; le tube d'expansion est posé ici horizontalement H, et au-dessus du serpentin supérieur.

Un robinet à vis *r*, fig. 54, est adapté au tube d'expansion; on l'ouvre lorsqu'on emplit d'eau l'appareil, afin que l'air, chassé par le liquide, puisse s'échapper. Lorsque le tout est rempli, on ferme avec soin ce robinet, ainsi que celui qui se trouve à l'orifice *s* du tube de circulation; il est très-important que les tubes soient parfaitement exempts d'air (*).

(*) Nous lui donnons le nom de *serpentin*, parce qu'il a beaucoup de rapport avec le serpentin d'un alambic. En anglais il a reçu le nom de *coil* (prononcez *co-il*).

(*) Nous avons déjà dit que sous la pression ordinaire de l'atmosphère

Une *clef* ou *robinet*, fig. 53 *ter*, et dont on voit l'emploi en *f*, fig. 54, et en *a*, fig. 66, sert à changer la circulation d'un tuyau à l'autre, selon le besoin.

La température des tubes de M. Perkins varie de 66 à 130 degrés centigrades (53 à 104 R.). Dans les lieux qui réclament une chaleur très-élevée, tels que dans les étuves, séchoirs, etc., on peut facilement obtenir jusqu'à 200 degrés centigr.

Les tubes, par leur petit diamètre, peuvent être adaptés à presque toutes les dispositions locales, ils seront presque inaperçus dans les serres; et en peu de temps les appartements pourront en être munis en quantité suffisante pour donner le degré de chaleur voulu, sans nuire à la décoration.

Nous allons examiner avec soin la construction de l'appareil, afin de démontrer que les avantages dont nous avons parlé peuvent être obtenus sans un grand emploi de force, et qu'il est susceptible cependant d'une puissance assez forte pour supporter, non-seulement une pression moyenne, mais même la pression la plus intense à laquelle il puisse résister lorsqu'il est besoin de le chauffer à un degré élevé.

Ce qui appelle d'abord notre attention ce sont les tubes qui contiennent l'eau chaude en circulation, comme étant la partie principale de l'appareil de M. Perkins (*).

Le fer que l'on a choisi pour fabriquer ces tubes est d'abord réduit en forme de feuilles, à l'épaisseur et à la largeur voulues; après quoi les bords dans la longueur, qui est ordinairement de 4 mètres, sont rapprochés l'un contre l'autre. Dans cet état on met le fer dans un fourneau en brique, chauffé jusqu'à ce qu'il arrive au degré convenable pour la soudure. Alors une extrémité est saisie par un instrument fixé fortement à une chaîne sans fin, mue par la vapeur, et au même instant un homme fait saisir aussi le tube par des pinces circulaires qui, bien fermées, donnent au tube le diamètre voulu; il ne quitte pas les pinces jusqu'à ce que le tube, au moyen de la machine, ait passé dans toute sa longueur. Les bords du métal ont été mis ainsi en un parfait contact, et, lorsque le tube a passé deux ou trois fois par les pinces, ils sont si bien soudés l'un à l'autre qu'un morceau conique de fer, enfoncé dans l'intérieur du tube, ne doit pas faire céder le fer plus à l'endroit du joint qu'à aucune autre partie du tube.

Ainsi fabriqués, les tubes sont vissés à chaque bout et éprouvés par un pouvoir hydraulique devant lui faire supporter une pression interne de 1,500 kilog. pour un pouce

la température de l'eau ne peut pas être élevée au-dessus du point de l'ébullition; mais lorsqu'on soumet ce liquide à une plus grande pression, en le renfermant dans un vase sans ouverture, sa température peut s'élever à un très haut degré. L'eau, dans ce cas, est en partie convertie en vapeur qui se répand dans le tube d'expansion. Cependant il ne paraît pas qu'il y ait de danger d'explosion, puisque M. Richardson, qui a su indiquer tous ceux qui pouvaient résulter de l'emploi des autres appareils, ne parle nullement de soupape de sûreté pour celui-ci et vante extrêmement l'invention de M. Perkins trop savant lui-même pour n'avoir pas su remédier à tout dans un appareil d'une telle importance. Cet appareil, d'ailleurs, a été éprouvé dans beaucoup d'établissements publics et particuliers.

(*) Ils sont représentés dans le fragment, fig. 53, demi-grandeur naturelle; on verra que leur diamètre extérieur est de 25 millimètres, leur épaisseur de 6 1/2 millim., et leur diamètre intérieur de 12 millim. seulement.

carré. On les envoie dans cet état à Londres, où, à cause de la pureté et de la ductilité du métal, ils sont, avec la plus grande facilité, tournés *à froid* en *serpentins* variés de grandeurs et de formes, et adaptés ainsi à la situation qui leur est destinée.

Ces tubes une fois placés et fixés définitivement dans la localité, on emplit complétement d'eau l'appareil avec une pompe de compression *(force pump)*, et on le soumet ainsi à une pression considérable avant d'allumer le fourneau. Cette épreuve, faite pour s'assurer de la force des joints, se continue jusqu'à ce que l'on ait l'assurance qu'il n'existe aucun tube défectueux, et qu'aucune des soudures ne donne passage à l'eau.

Ayant deux tubes à joindre l'un à l'autre, le bord de l'extrémité de l'un *x*, fig. 53, étant aplati, et celui de l'extrémité de l'autre aminci *y*; on les fait entrer dans une douille ou bout de tube d'un plus grand diamètre, taraudé aux deux extrémités, à l'une à droite et à l'autre à gauche; on visse alors dans cette douille le bout de chaque tube avec une telle force que le bord aminci s'engage dans le bord présentant une surface plate *x*, *y*.

La forme et la dimension d'un fourneau, faisant partie de l'appareil, varient nécessairement suivant les localités et selon la quantité de matériaux que demande sa construction; tout appareil peut recevoir un serpentin ovale ou carré.

La forme principalement en usage est celle que représentent les fig. 56 à 60. Dans un appareil de grandeur moyenne, le fourneau peut avoir un mètre; et l'on peut augmenter cette dimension jusqu'à 2 mètres, suivant l'étendue du serpentin qu'il doit renfermer. Le fourneau des fig. 56 à 60 a 1 m. 30 c. carrés, il est considéré comme étant d'une grande puissance. Le foyer occupe une petite place au centre, et se trouve élevé de 32 cent. environ au-dessus du sol; on y jette le combustible par la trappe *m*, que l'on voit sur la surface supérieure.

Explication des fig. 55 à 60.

Fig. 57. Plan du fourneau au-dessous de la grille du foyer.

Fig. 58. Plan du fourneau au-dessus de la même grille.

Fig. 59. Coupe sur la ligne C D de la fig. 58.

Fig. 60. Coupe sur la ligne A B de la fig. 58.

a a a, construction en brique (les parois en contact immédiat avec le foyer pourront être recouvertes de plaques de fonte); *c c c*, briques de foyer supportant le serpentin; *d d*, partie vide où se déchargent la cendre et la suie; *e e*, portes ménagées pour le nettoyage; *f*, espace de réserve pour enlever les cendres; *g*, fig. 56 à 60, barres supportant la grille; *h*, fig. 58, 59, grille du foyer; *i*, fig. 58, 59, plaque de fer séparant la partie où tombent les cendres de celle où se trouve le serpentin; *k*, tubes formant le serpentin; *l*, double porte par laquelle on enlève les scories et ordures; *m*, trappe servant à jeter le combustible qui alimente le foyer; *n*, grandes briques couvrant le fourneau (*).

(*) Dans la fig. 56 on voit la coupe d'un fourneau où le serpentin est placé à la partie postérieure du fourneau. Au premier coup d'œil cette disposition semble préférable, en ce que les tubes paraissent en contact plus immédiat avec la fumée et le cours du calorique.

Fig. 61. Tube descendant, entrant dans la chambre du fourneau, et passant à travers les barres qui supportent la grille.

Fig. 62. Coupe postérieure des parties VV, fig. 57 à 59, qui, étant en entonnoir, portent au bas du fourneau la suie et les cendres, de manière qu'on puisse les enlever par les portes *ee*.

Fig. 54. Représentation de l'appareil en place, et coupe montrant le tube qui porte la chaleur dans les serpentins des étages supérieurs.

Il est facile de voir, par cette description, que le combustible se trouve ainsi entouré de trois côtés par un mur de briques épais de 25 centimètres, et que la trappe supérieure est placée au milieu de briques épaisses; qu'autour et à l'intérieur de cette construction est une chambre, large de 12 centimètres, renfermant le serpentin; que le tube pénètre dans cette chambre, et passe à travers les barres supportant la grille du foyer, ce tube ayant ainsi pour objet d'empêcher la grille de brûler; enfin, que le tube *o*, fig. 60, qui porte la chaleur dans l'édifice, part de la partie supérieure de la chambre du fourneau.

La fumée qui s'échappe de la combustion passe dans la chambre où sont renfermés les tubes, et trouve son issue par une ouverture pratiquée derrière le fourneau.

La brique étant peu conductrice du calorique, on entoure le feu de murs de cette matière afin de prévenir une trop rapide abstraction de la chaleur par les tubes qu'ils enferment: la partie du serpentin placée sur le devant reçoit seule le contact du feu.

La disposition d'un tel fourneau est la mieux calculée pour répandre une chaleur toujours égale, et pour obtenir les plus grands effets d'une quantité donnée de combustible; le calorique, qui rayonne du foyer, est promptement absorbé par l'eau qui monte dans les tubes, et est rapidement aussi transmise à tout l'édifice.

Le meilleur combustible à employer est la houille; ou bien le coke, qui donne une chaleur régulière.

Le mouvement qu'on fait opérer à l'eau à travers un tube de dimension si petite s'explique par le fait de son extrême dilatation, beaucoup plus grande que celle des autres fluides. Nous n'avons, pour preuve, qu'à considérer la pesanteur spécifique et relative de deux colonnes d'eau à différentes températures; l'une étant rendue plus légère par l'action de la chaleur qui la met en mouvement, se remplit de petites bulles de vapeur qui s'élèvent rapidement vers la partie supérieure du tube, s'y condensent, et pressent alors une autre colonne d'eau exempte de bulles de vapeur qui doit nécessairement descendre en quantité proportionnée à la dilatation de l'eau dans la colonne ascendante.

Le bureau des patentes (patent office), Lincoln's inn fields, à Londres, donne sur une petite échelle le moyen d'apprécier le système, et il éclaircira sans doute ce qu'on aurait pu ne pas comprendre. Deux chambres, fig. 63, l'une de 3 mètres 50 centimètres, l'autre de 3 mètres, ont ensemble 20 mètres de tubes chauffés par un petit serpentin placé derrière la grille du foyer qui est dans la plus petite de ces deux chambres (*voy.* le détail, fig. 64).

La fig. 66, indique le même moyen de chauffage pratiqué dans une serre en Angleterre. La couche est supportée par un plancher de tuiles posées sur des solives, l'espace au-dessous est divisé en trois compartiments. Les tubes, partant de deux serpentins établis dans le fourneau, entourent entièrement la serre, et viennent circuler dans les trois divisions. L'idée qui a fait partager ainsi la partie inférieure en trois, a eu pour objet de pouvoir détourner la circulation du liquide, et de la confiner dans une seule ou deux de ces parties, au moyen des clefs *a a a*, sans toutefois que le liquide éprouve aucune interruption dans sa marche autour du bâtiment.

Deux autres tubes passent aussi dans l'intérieur du mur (en Angleterre les murs des serres offrent un vide dont l'air isole le calorique, comme on le voit en B).

Un air frais, transmis aux espaces existant sous la couche, passe par les ouvertures *b*, et un ventilateur permet que le superflu s'en échappe. La température de la serre peut être élevée à 22 degrés centigrades au-dessus de la température extérieure. La lettre *k* et les lignes ponctuées montrent le cours des tubes.

La quantité de tubes employée dans cette serre est de 160 mètres, compris les deux qui sont renfermés dans le vide du mur.

La fig. 65 est un bon arrangement de tubes que l'on peut adopter pour une serre chaude. Le fourneau renferme un double serpentin, et conséquemment l'appareil a deux tubes ascendants et deux descendants; la partie où les tubes sont repliés sur eux-mêmes se trouve située du côté le plus bas de la serre, d'où il résulte que la chaleur se répand également. Des plaques à rebords Z Z, que l'on voit fixées à droite et à gauche, traversées longitudinalement par les tubes circulants, sont destinées à recevoir de l'eau, et produisent une évaporation humide favorable.

En Angleterre on compte 2 pieds de longueur de tuyaux pour échauffer 100 pieds cubes de capacité.

La température des tuyaux, à la partie supérieure, est de 150 à 200 degrés, et de 60 à 70 au retour.

Un chose remarquable dans les appareils, c'est que, quoique fermés, ils perdent de l'eau, et qu'il faut en ajouter un demi-litre tous les huit ou dix jours pour ceux de grande dimension. On ne sait d'où proviennent ces pertes, car on n'aperçoit aucune fuite.

Appareils à effet moins prompt, mais plus prolongé.

Les appareils que nous avons décrits page 61 ne contenant qu'une chaudière à plateaux minces, qui renferment peu d'eau, et des tuyaux où l'eau sera toujours dans une active circulation; la chaleur se répandra promptement dans le local, mais elle ne sera pas d'une longue durée parce que la masse d'eau étant peu considérable, le refroidissement en sera prompt.

Mais si, dans le local, on place un vase plein d'eau où les tuyaux viennent verser leur eau chaude et la reprendre refroidie, la quantité d'eau contenue dans ces vases, formant une masse que l'on rendra plus ou moins considérable selon le besoin, servira de dépôt où la chaleur sera retenue plus long-temps. Aussi cette masse prendra plus de temps pour s'échauffer. On donnera à ce vase, que l'on appellera *récipient*, ou *poêle d'eau*, la forme que l'on jugera convenable, pourvu qu'il offre des surfaces métalliques noires. Ainsi ce sera un cylindre de cuivre ou de tôle comme la fig. 67 et son plan comme la fig. 67 *bis*. Un tube vide, au milieu A, donne passage à l'air venant d'une pièce plus froide et cet air s'échauffe aux parois du métal. L'espace V sera donc rempli d'eau. L est le tuyau de départ et M celui de rentrée de l'eau; *m* une cloison pour forcer l'eau à tourbillonner dans le cylindre.

Une caisse de bois à claire-voie pourrait renfermer un vase carré en cuivre mince; ce serait un énorme dépôt de chaleur. On lui ferait, s'il était nécessaire, transmettre plus rapidement cette chaleur en le faisant traverser par des tubes vides qui prendraient l'air froid au-dessous pour le transmettre chaud au-dessus.

On a vu, en Angleterre, faire arriver l'eau dans un tonneau, qui servait seulement de dépôt de chaleur pour la conserver plus long-temps aux tubes qui s'y rendaient et en repartaient pour échauffer le local.

La fig. 68 représente une chaudière de thermosiphon à laquelle on a donné une forme convenable pour la placer dans l'angle d'une chambre et figurer un poêle cylindrique. Ses parois échauffent directement la pièce sans aucune autre enveloppe. Sa surface est peinte au vernis noir. Les ornements consistent en un socle de bois, deux cercles en cuivre *y* et un dessus de marbre Sainte-Anne placé un peu au-dessus du chapiteau *y* au moyen de calles, afin de laisser passer la chaleur produite par le centre.

Ce cylindre est fait de cuivre en planches et à doubles parois; *a* fig. 69 représente la coupe; C est le foyer; *d* la porte du foyer; H le tuyau à fumée; derrière le tuyau à fumée est, comme en L, fig. 67, le tube de départ de l'eau; M le tube de retour; *b* les plateaux horizontaux renfermant l'eau qui s'échauffe au passage des produits de la combustion qui suivent le canal indiqué par des flèches jusque dans le tuyau à fumée H. Trois tampons mobiles *c* servent au nettoyage. Leurs surfaces extérieures, en cuivre, figurent des patères. Le plan ou coupe horizontale 69 *bis* fait voir le plateau circulaire *bb* formant la paroi extérieure de la construction et *a* un plateau. Le tube de remplissage est en P; celui d'expansion en R (*).

Le tube de départ L descend en S sous le plancher, fig. 70; va échauffer un poêle d'eau plein dans une autre pièce ou à un autre angle de la même pièce et revient se réchauffer au point M, comme dans la fig. 69. Des robinets seront placés aux deux tubes L M pour vider tout l'appareil.

Mais ici se présente une difficulté. Si on place ce *poêle d'eau* dans la même pièce que la chaudière 68, il devra avoir la même forme et la même hauteur pour faire parallèle (**). Le tube L, de départ, sera de même hauteur pour descendre au-dessous du plancher que le tube N, fig. 70, qui devra rentrer dans le poêle d'eau pour l'échauffer et revenir par le tube M. Ce tube N, par sa position perpendiculaire, offrira une résistance trop grande par l'effet de son poids, effet qui tendra à faire rétrograder la colonne d'eau au point que le mouvement en sera considérablement ralenti.

(*) On ne peut se dissimuler que l'exécution de cette chaudière est quelque peu difficultueuse dans les parties intérieures, et que, dans beaucoup de lieux, on sera obligé de la modifier en ne faisant correspondre les plateaux qu'avec deux tubes placés verticalement de chaque côté du foyer et montant jusqu'en haut du cylindre.

(**) Sauf le tuyau H à fumée, qui n'y sera pas, et sauf enfin que le tube P ne sera qu'un tube d'expansion R.

Le retour O présentera aussi une certaine résistance, mais minime en comparaison.

On pourrait donner un mouvement plus actif à la circulation en élevant de 1 mètre à un mèt. 40 c. le tube L; comme on le voit par les lignes ponctuées *i*, fig. 70. Cette élévation donnerait dans le tube *tt* un poids qui contre-balancerait en partie la résistance de N.

Un autre moyen plus efficace serait de donner aux tubes de départ et de retour la position horizontale de la fig. 39. Car il résulte d'expériences faites que la différence de mouvement entre la position des tubes comme en L N, fig. 70, et la position horizontale, fig. 39, est si grande que celle-ci donne un mouvement cinq fois plus rapide que la première.

L'inconvénient résultant de cette disposition du tube, tout à fait horizontale, consiste en ce qu'il faudra le cacher dans la muraille, tandis qu'il aurait été placé beaucoup plus commodément sous le plancher.

Enfin il est encore un moyen de remédier en grande partie, mais non complétement, à la lenteur de la circulation, c'est de donner au poêle d'eau R une proportion différente, c'est-à-dire celle de 30 centimètres seulement de hauteur sur la largeur que la place permettra, ou que le local à échauffer nécessitera. Alors le tube supérieur pourra être logé sous le plancher, car la résistance de N sera de beaucoup diminuée.

Le thermosiphon, figure 71, nous est communiqué par M. René Duvoir. Cette figure représente la coupe verticale de l'appareil : la chaudière consiste en un cylindre double, A, renfermant de l'eau entre ses parois *i*. Au milieu se placent la grille et le foyer E.

Les produits de la combustion sortent par le fond qui est ouvert comme le devant, parcourent toute la partie du carneau *n* d'arrière en avant, s'introduisent de là dans le carneau *nn* en traversant la cloison qui est sous le cylindre près de la porte d'entrée, parcourent ce carneau d'avant en arrière dans sa longueur, puis montent dans le carneau supérieur *mm*, dont la section totale est égale à *n* ou à *nn*, pris chacun séparément, et suivent ce carneau d'arrière en avant jusqu'au tuyau T placé sur l'appareil.

L'eau chauffée dans la chaudière A s'élève dans le tube B pour se rendre directement dans les récipients CP dont on a pu établir un aussi grand nombre qu'il a été nécessaire. Cette eau, après les avoir parcourus l'un après l'autre, revient en D D, où, avant de rentrer dans la chaudière, on a donné au tube la forme d'un serpentin, afin de multiplier les surfaces de chauffe. Cette multiplicité de surfaces occasionne une plus grande perte de chaleur par ces tubes au profit de la chambre à air F parcourue par un courant d'air venant du dehors, et qui s'échappe dans l'appartement par la bouche de chaleur G, ou bien est pris là et conduit par un tuyau à l'endroit nécessaire.

Nous avons pensé que l'on comprendrait la combinaison de l'appareil par cette seule coupe verticale. La chaudière peut avoir 40 centimètres de diamètre intérieur, et l'espace entre les deux parois 10 centimètres. Sa longueur, qui peut varier de 60 centimètres à 2 mètres, sera déterminée par le besoin d'échauffer un espace plus ou moins grand.

Les tubes de circulation ont de 6 à 8 centimètres. On les loge sous le plancher, dans des vides où l'on fait arriver l'air qui s'y échauffe en refroidissant les tubes, ce qui accélère la circulation.

Comme dans tous les appareils de chauffage par l'eau dont nous avons déjà donné les descriptions, il est indispensable de placer à la partie la plus élevée de celui-ci un tube d'expansion.

A chaque poêle d'eau CC on adaptera des robinets pour en interrompre le service en cas de besoin.

Une chaudière cylindrique comme celle-ci a une certaine force pour résister à la pression de l'eau placée à la partie supérieure.

Le poêle d'eau, de cette fig. 71, est un cylindre à peu près semblable à celui des fig. 67 et 67 *bis*. Le poêle de la fig. 71 reçoit l'eau du tube B, lequel se rend dans une petite colonne *b* qui communique par la partie supérieure *e* au cylindre C. S'il y a plusieurs poêles d'eau, au lieu que l'eau revienne directement à la chaudière A par le tube D D; ce tube sera ajusté à la place convenable pour suivre la direction qui sera assignée, comme par exemple en *f* pour alimenter le poêle P.

Le poêle C P, au lieu d'être nu comme celui de la fig. 67, est entouré, ici, d'une enveloppe de tôle avec ornements en cuivre.

Cet appareil fait honneur à M. René Duvoir, qui l'a imaginé.

Nouveaux appareils.

Les appareils fig. 72 à 76 sont des modifications apportées par M. René Duvoir au chauffage à l'eau chaude appliqué aux appartements.

Si on craint les fuites que pourraient produire les tubes et les poêles d'eau, on emploiera cette forme d'appareils; on les placera dans les caves ou dans des pièces au rez-de-chaussée. Ils feront l'office de calorifères à air, et l'on aura la certitude complète de ne transmettre qu'un air pur et une chaleur douce et sans odeur.

La fig. 72 représente une coupe verticale de la chaudière et de son fourneau. La fig. 72 *bis* donne la coupe horizontale.

A, chaudière en forte tôle ou en cuivre, à double enveloppe, renfermant l'eau entre ses doubles parois *i i*.

F, buse traversant la chaudière et recevant les portes du foyer et du cendrier. *g*, grille du foyer.

B, ouverture de dégagement de la flamme qui envoie les produits de la combustion circuler en descendant dans l'intervalle C C d'où elle passe par le conduit D dans le tambour E qui est parallèle à la chaudière et qui se trouve de la même hauteur. Ce tambour fait l'office d'une chaudière à l'extrémité de laquelle la fumée prend son cours au dehors par le tuyau T. L'air arrive sous le tambour, circule autour dans la chambre à air M et se rend de là, par des tuyaux, dans les pièces à échauffer. H est une buse en fonte fermée par une porte. Elle sert à allumer en E un foyer d'appel pour échauffer la colonne d'air et faire partir le feu au moment où on allume, et sert aussi pour le nettoyage en y faisant entrer un ramoneur.

Le tout est enveloppé d'une bâtisse en brique, assez épaisse pour ne pas laisser pénétrer le calorique qui se perdrait inutilement dans le lieu où le calorifère est placé. Une épaisseur de 20 à 25 centim. est nécessaire.

De la chaudière A, l'eau se rend par des tubes *abc* dans d'autres appareils dont nous allons parler.

Nous avons dit que l'air ne peut arriver chaud dans les conduits de calorifères à une distance de plus de 12 mètres. Il résulterait donc de ce fait que l'appareil que nous décrivons n'offrirait pas plus d'avantages que les calorifères à air chaud. Mais c'est par l'effet particulier de celui-ci que l'on peut juger combien il est ingénieux.

L'eau circulant à une distance considérable, on pourra, non-seulement, faire circuler les tuyaux partant de la chaudière A, fig. 72, mais encore établir dans plusieurs autres pièces du niveau des récipients à tubes, espèces de *thermosiphons accessoires*, qui feront l'office d'autant de calorifères séparés.

Nous allons donner une idée de ces thermosiphons accessoires. L'eau chaude partant par le tube *c*, fig. 72, est conduite en *e*, fig. 73; elle circule en descendant dans la caisse *l*, dans les tubes P, et dans la caisse *i i*, d'où elle revient par le tube *de* dans la chaudière A où elle se réchauffe pour repartir par *c* et recommencer son parcours. Ces caisses et tubes *l*, P, *i i* sont enfermés dans une enveloppe en briques ou autre maçonnerie formant une chambre à air que l'on conduit par les tuyaux R dans les pièces.

Le plan fig. 73 *bis* fait voir en *k* l'ouverture d'accès de l'air passant au milieu des tuyaux P et s'y échauffant avant d'arriver aux accès de sortie R R.

Le tube d'expansion est en G, fig. 73.

De la chaudière A, on peut faire partir non-seulement le tube *c*, mais encore le tube *b*, tous deux fourniront l'eau à plusieurs thermosiphons accessoires.

Si, dans une des pièces, on voulait conserver plus long-temps la chaleur, on établirait au lieu d'un récipient à tubes un récipient comme celui qui est indiqué fig. 67 et 67 *bis* et page 71, et qui contient une masse d'eau plus considérable, propre par conséquent à conserver la chaleur plus long-temps.

Les fig. 74 à 76 représentent des appareils ayant le même but sous des formes différentes.

Fig. 74 et 74 *bis*, coupe longitudinale et transversale d'un appareil circulaire d'effet semblable à celui des fig. 73 et 73 *bis*; mais présentant le double de surface de chauffe, le nombre des tubes étant double.

Les fig. 75, 76 et *bis* ont des tubes serpentant en spirale. Dans ces deux dispositions, l'air qui arrive par le bas monte en se trouvant forcément en contact avec tous les points des tubes.

Tous ces appareils à eau sont pourvus à la partie inférieure de robinets qui permettent de régler le chauffage, en arrêtant dans un appareil et faisant circuler dans les autres. Des robinets doivent également être placés à la partie supérieure pour que l'on puisse, en cas de fuite, dans l'un des appareils, le rendre indépendant des autres et le modifier ou réparer sans interrompre le chauffage.

On voit, par les différentes formes que M. René Duvoir a données à ces appareils, que l'on peut les varier selon le besoin, en multipliant les surfaces de chauffe d'après l'étendue des pièces à échauffer.

Par l'emploi de tubes multipliés dans ces appareils accessoires, on obtient des surfaces de chauffe plus grandes et on échauffe plus promptement l'air qui circule autour.

Les serpentins fig. 75, 76 sont composés de tubes plus petits et contiennent moins d'eau que les tubes droits des fig. 73-74; ceux-ci ont plus de diamètre, contiennent plus d'eau et sont susceptibles de chauffer dans le même temps un plus grand volume d'air.

La forme de ces appareils pouvant varier à l'infini, le choix doit être fait, et les proportions établies, selon les besoins et les conditions particulières. Aussi conseillerons-nous toujours aux personnes peu habituées au calcul, et qui désireront en faire établir, de s'adresser à l'inventeur, qui saura combiner ses appareils suivant les localités, sans occasionner plus de dépense. Ils peuvent très-bien être envoyés à de grandes distances.

M. Léon Duvoir vient d'établir au Jardin-du-Roi, dans une serre à orchidées, un thermosiphon destiné à chauffer en outre une serre tempérée, une serre à multiplication et des châssis, le tout placé devant l'orangerie.

D'une chaudière en fer, dont la proportion est grande, s'élève à 2 mètres, un tube fournissant son eau à un récipient placé à cette hauteur. Du récipient part un autre tube qui en dépend et qui, après avoir opéré une partie de son refroidissement pendant son parcours dans la serre, rentre au foyer.

Le récipient est rempli d'eau aux 2/3; le vide restant sert à l'expansion des bulles de vapeur qui se forment dans la chaudière, ainsi que dans les tubes. Quand l'espace est rempli de vapeur, il en résulte une force élastique dont l'effet est de peser sur le liquide et par conséquent de produire dans le tube descendant une *colonne de pesanteur* qui donne une grande puissance au mouvement de l'eau.

Cette puissance est nécessaire dans la condition particulière où se trouve l'appareil. Nous avons dit, en effet, qu'il doit chauffer, indépendamment de la serre, des coffres ou châssis placés au dehors. Ces châssis étant sur un sol plus bas que la serre, et l'eau devant remonter pour revenir à la chaudière, il a fallu créer une force capable de vaincre la résistance que l'on peut comparer à celle de *f*, fig. 44. Le système de l'appareil peut donc être expliqué par le texte qui se rapporte à cette planche, page 56.

Cet appareil se remplit au moyen d'un tube placé hors de la serre aux 2/3 de la hauteur du récipient, ce qui ne permet pas au liquide d'occuper l'espace qui est au-dessus du tube en question.

Une soupape de machine à vapeur, adaptée à la partie supérieure du récipient, se soulève lorsque cette partie est remplie par la vapeur, et qu'elle a acquis une force trop grande.

La pression que permet la résistance de la soupape peut être évaluée à 20 degrés au-dessus de l'eau bouillante, ce qui donne 120 degrés en tout. Ces 20 degrés au-dessus de l'eau bouillante ménagent une ressource dont on fera usage dans les grands froids en forçant le feu.

Exemples de grands édifices ou établissements chauffés par l'eau.

Le palais de la Cour-des-Comptes et du Conseil-d'État, quai d'Orsay, est chauffé entièrement par une seule chaudière, de laquelle partent des tuyaux fournissant l'eau à un nombre de poêles d'eau placés dans les salles.

On établit en ce moment au palais de la Chambre des pairs un chauffage semblable avec deux chaudières. Il remplacera un système où huit calorifères à air chaud étaient insuffisants pour le chauffage.

Ces deux établissements sont dus aux talents de M. Léon Duvoir.

L'église de la Madeleine est chauffée et ventilée par un calorifère à eau chaude, construit aussi par M. Léon Duvoir. La chaudière est placée à l'extrémité d'un grand caveau qui règne dans toute la longueur de l'édifice. Un canal voûté communique avec des puits cylindriques, dont les orifices sont fermés par des plaques de fonte à jour et à fleur du sol de l'église. Des poêles d'eau sont logés dans ces puits et alimentés par les tubes partant de la chaudière; le dernier poêle sert de vase d'expansion. Les tubes d'ascension et de retour d'eau sont placés dans le canal voûté, lequel est divisé en plusieurs parties égales, dont chacune à sa prise d'air de ventilation au dehors de l'église.

Deux canaux parallèles à celui dans lequel s'effectue la circulation de l'eau communiquent avec des bouches d'aspiration distribuées sur deux rangs près des murs latéraux, et conduisent l'air refroidi sous le foyer de la chaudière par le même procédé que nous indiquerons au chapitre de la ventilation; et fig. 24, planche 4°.

La température au moyen de ce chauffage est maintenue de 12 à 13 degrés, et elle est à peu près égale depuis le sol jusqu'à la voûte.

Une telle égalité de température est due à la ventilation, autrement toute la chaleur monterait à la voûte et l'air froid resterait au bas du vaisseau. L'air pris au dehors vient s'échauffer auprès des poêles et des tubes d'eau : il est émis à travers des plaques à jour dans l'église, où il se répand par couches tendant à monter; mais les bouches d'aspiration pratiquées dans le sol s'emparent de l'air des couches inférieures, et, le portant au foyer par des conduits, les couches supérieures descendent pour le remplacer; et cette circulation incessante entretient à la fois la salubrité et l'égalité de température.

Chauffage du jardin d'hiver de Sa Grâce le duc de Devonshire à Chatsworth, établi sous la direction de M. Paxton.

Construit dans des proportions telles que l'on peut s'y promener en calèche (*), ce jardin d'hiver, le plus magnifique de tous ceux qui existent jusqu'à présent, nécessitait un moyen de chauffage qui pût entretenir dans leur belle nature, les végétaux des deux Amériques et des contrées de l'Asie. M. Paxton a pour lui le mérite de la difficulté vaincue en ce qu'il est parvenu à chauffer un espace de plus de 16,000 mètres cubes *au moyen de l'eau chaude* en circulation, problème qui, avant lui, semblait ne pouvoir être résolu pour le chauffage d'une telle masse d'air.

Il faut encore ajouter à la difficulté vaincue l'enveloppe de ce vaste local entièrement composée de vitres, et l'on sait que le verre occasionne un refroidissement dix fois plus considérable que celui qui a lieu dans des appartements.

Voici une description des appareils tels qu'ils nous ont

(*) Cette serre immense n'a pas moins de largeur que le marché aux fleurs de Paris, dans la Cité, depuis le parapet jusqu'aux maisons, et sa longueur comprend les trois quarts de celle de ce marché. La hauteur du cintre est de 20 mètres.

été indiqués par M. Louis Schneeberger, horticulteur; car, en Angleterre, rien, à notre connaissance, n'a encore été publié sur Chatsworth.

L'ensemble se compose de 8 chaudières, de thermosiphons avec foyers, de 40 tubes et de 24 récipients ou poëles d'eau alimentés par les tubes.

Quatre chaudières A, fig. 77, sont destinées à porter la chaleur autour de la serre.

Quatre autres chaudières B échauffent les parties plus centrales.

De chaque chaudière part un tube principal de 20 cent. de diamètre, aboutissant à un poêle d'eau *r*. Ce poêle ou récipient rend l'eau apportée par le tube de 20 cent. à 5 autres tubes de 15 centim. placés au-dessus les uns des autres, ainsi que l'on peut voir dans la coupe, fig. 78, *s*.

Ces cinq tubes, après avoir alimenté deux autres poêles, reviennent à un quatrième où leur volume d'eau est rendu à un tube de 20 cent. qui rentre en partie refroidi à la chaudière. Ceci s'entend pour les quatre thermosiphons des centres; car ceux qui règnent autour de la serre n'alimentent chacun que deux poêles d'eau, et les petits tubes n'ont que 10 centimètres.

Quand on aura trouvé sur le plan les chaudières A et B, il sera facile de reconnaître les tubes et la circulation de l'eau indiquée par des flèches. On remarquera facilement la différence de grosseur des tubes de 20 cent. et de ceux de 10. Les récipients sont indiqués par la lettre *r*.

Toutes les pièces des appareils sont en fonte de fer. Les chaudières ont la forme d'un fer à cheval dans leur coupe transversale. Elles mesurent 2 mètres et demi en longueur, 1 mètre 40 cent. de largeur à leur base, et 70 cent. de hauteur. La capacité entre les parois est de 20 cent. Le foyer, placé au milieu donne une section de 45 cent. de haut sur 1 mètre à la base. La chaudière est posée sur une solide bâtisse en briques.

Les poêles sont des caisses de forme quadrangulaire de 1 mètre de longueur sur 70 cent. de large et 1 mètre 30 de hauteur, environ.

Le parcours total des tubes d'eau n'a pas moins de 4,000 mètres.

La fumée, en s'échappant des foyers, va se rendre dans un conduit commun, ainsi que le montrent les lignes ponctuées à l'intérieur de la serre au-dessous des chemins, près des murs; elle circule ainsi tout autour et s'échappe enfin en dehors par le côté est pour aller se perdre à quelque distance au milieu des arbres.

Le service des chaudières se fait par un tunnel pratiqué à l'extérieur; au-dessous de la surface du sol, il a 2 mètres et demi de haut sur une largeur de 1 mètre 25 cent. Un chemin de fer établi sous ce tunnel et en communication avec le magasin de houille, permet de faire circuler librement, et sans encombre, les chariots portant le combustible. Ce jardin d'hiver devant rappeler pour quelques instants la nature et le climat des contrées tropicales, on a caché aux regards des visiteurs le feu, les tuyaux, les conduits de fumée, les pompes destinées à l'arrosement, etc., tout est dissimulé; les plantes semblent s'y produire comme par enchantement.

La fig. 77 donne le plan général de la serre de Chatsworth.

La fig. 78 fait voir la coupe transversale; *c* sont les chemins; D, les carrés ou massifs destinés à recevoir les végétaux en pleine terre; *e*, parties couvertes recevant dans l'intérieur les dix tuyaux de circulation autour de la serre, au-dessus est une tablette couverte de plantes en pots; *h*, vides ménagés pour la circulation des dix tuyaux des milieux, ces vides sont recouverts de plusieurs plaques de fonte mobiles, laissant des jours entre elles. Les colonnes soutenant la charpente de la serre partent du sol au-dessous de ces plaques dissimulées par des plantes en caisses placées dans les entrecolonnements.

En *i* sont des conduits de fumée.

Cette serre ainsi chauffée, on a disposé les divers végétaux eu égard à la quantité du calorique dégagé dans telle ou telle partie: ainsi les côtés est et ouest, étant ceux où l'eau chaude circule dans un plus grand nombre de tuyaux rapprochés, ont dû recevoir les plantes dont la végétation n'a lieu que sous l'influence d'une chaleur élevée; les extrémités sud et nord étant les régions tempérées de ce monde végétal, en raison du moins grand nombre de tuyaux de chaleur et de leur proximité des portes d'entrée on a dû y placer les végétaux de climats moins habitués aux feux de l'astre qui les vivifie tous.

Ainsi, on peut visiter dans cet espace circonscrit, et le climat tempéré de notre Provence, et le climat brûlant des tropiques.

La construction de ce palais de cristal et sa description se trouvent dans l'*Art de construire et de gouverner les serres*, par M. Neumann.

Chauffage particulier des serres de multiplication pour les plantes, applicable aux bâches des serres chaudes.

Dans les serres de multiplication et même dans les serres chaudes, les horticulteurs ont remplacé le fumier et le tan par le thermosiphon. Au milieu d'une serre à deux pans, fig. 79, est un coffre A de 1 mètre de hauteur, se prolongeant dans toute la longueur de la serre, sauf les passages aux deux extrémités.

Sur la terre C, ou sur des supports, sont placés les tuyaux B. Au-dessus, sur un plancher *c*, est versé un lit de sable blanc, dans lequel sont logés des pots contenant les plantes qui exigent de la chaleur, ou les terrines et godets à multiplication. La chaudière peut être placée sous le coffre si la serre est grande, sinon elle peut être placée ailleurs. On est à même, aussi, de faire circuler une partie de tubes dans la serre, hors du coffre, pour l'échauffer dans toute son étendue. Les côtés A A ont, de distance en distance, des ouvertures fermées de portes, et destinées à entrer pour les réparations, ainsi qu'à donner de l'air chaud hors du coffre.

Le plancher *d* est souvent composé de planches de chêne, quoique le bois soit peu conducteur du calorique; mais la facilité que présente l'emploi de cette matière fait passer sur l'inconvénient qu'elle présente. Une matière bien plus convenable, sous le rapport de la conductibilité, serait la fonte de fer employée en tables minces posées sur des barres de bois.—Si on ne pouvait s'en procurer, il vaudrait toujours mieux substituer les tuiles au bois.

Des horticulteurs font courir les tuyaux au milieu d'un lit de tan ou de sciure de bois, dans lequel les pots sont logés. La chaleur s'y conserve, comme de raison, fort long-temps. Nous avons vu employer à cet usage des tuyaux de grès, dont l'achat était économique, mais qui exigeaient de fréquentes réparations. Ils étaient assemblés bout à bout avec du ciment romain, qu'il fallait quelquefois réparer; mais les réparations les plus fréquentes étaient nécessitées par les fêlures qui avaient lieu dans le grès même par l'effet de la chaleur.

Mode de circulation imaginé par M. W. P. Rendle.

Un nouveau système d'écoulement de l'eau vient d'être imaginé en Angleterre. L'avantage qu'il paraît présenter l'a déjà fait adopter par un grand nombre d'horticulteurs de la Grande-Bretagne. Ce système a pour principe le thermosiphon, mais l'eau, au lieu d'être en circulation dans des tubes, passe, sous forme de courants, dans des rigoles hermétiquement closes et plus ou moins larges, selon l'espace à échauffer.

N'ayant pas vu par nous-même ce mode de chauffage en exécution, nous nous en tiendrons à reproduire ici les instructions et observations de l'auteur même du système approuvé en principe par le savant professeur Lindley, en y joignant quelques figures montrant les meilleures applications qui en ont été faites en Angleterre.

Le nouveau système mis en pratique est exempt de tous les inconvénients de la tannée, des feuilles, du fumier; car, si ces matières présentent des avantages que rien n'a encore pu remplacer, elles ont aussi des désavantages qui font désirer qu'une méthode plus saine en relègue l'emploi, seulement dans des cas absolument indispensables. Pour arriver à ce but on a employé le chauffage à l'air chaud, la vapeur et la circulation de l'eau chaude dans des tuyaux; ces divers moyens, pour être bons, demandent une grande dépense de combustible, afin de maintenir toujours la chaleur à un degré égal, sans lequel le but désiré ne saurait être atteint. L'effet des *courants* d'eau chaude au contraire a été reconnu certain dans son application; divers essais comparatifs exécutés sur des échelles différentes prouvent en leur faveur.

Voici le résultat de ces essais :

La masse d'eau mise en mouvement une fois chauffée conserve long-temps sa chaleur; l'économie de combustible est immense, et les soins à donner n'emploient que très-peu du temps précieux des jardiniers.

La serre à multiplication, fig. 80, a 7 mètres de long sur 3 mètres de large; les bâches ont chacune 80 cent. de large, le chemin a 70 centim. Le foyer et la chaudière sont placés dans un cabinet en *a* au-dessous du sol; *b*, courant de départ; *c*, courant de retour; l'eau coule dans des canaux en bois de chêne, que l'on pourrait revêtir de plomb à l'intérieur. Ces canaux pourront être en fonte, en pierres ou en briques bien cimentées. Si on les construit en bois, celui-ci devra avoir une épaisseur de 30 mill. à 55: il sera bon qu'il soit employé encore vert, alors il recevra l'action de l'eau sans être sujet à se gonfler et à se gondoler: aussi devra-t-on avoir soin que jamais le courant ne soit à sec; le bois pourrait en souffrir et devenir hors de service. Les joints seront faits avec beaucoup de soin.

Le tube de départ débouche au point *g*, le tube qui déverse l'eau refroidie dans la chaudière se voit en *h*, ces deux orifices *g* et *h* sont recouverts d'une plaque de cuivre percée de trous pour prévenir la précipitation dans la chaudière du sédiment ou des matières étrangères qui se trouveraient en suspension dans l'eau. La profondeur des rigoles où l'eau circule doit être au moins de 30 cent., et peut aller jusqu'à 45; ces rigoles sont fermées supérieurement par des ardoises d'une bonne épaisseur, 3 ou 4 cent. par exemple, d'environ 60 cent. de long sur une largeur telle qu'elles posent de chaque côté sur les bords. Ces ardoises doivent avoir leurs joints bien d'équerre et hermétiquement liés entre eux avec de bon ciment, afin de ne laisser échapper aucune vapeur humide. Sur une de ces ardoises, à l'endroit qui semble le plus convenable, une ouverture est ménagée pour remplir d'eau l'appareil, et dans ce but un tube, muni d'un robinet, communiquera à un réservoir situé à l'extérieur. Ces ardoises, que l'on peut remplacer par des plaques de fer fondu, supportent un lit de sable, cette matière conservant long-temps la chaleur qui lui est communiquée.

M. Rendle a reconnu que l'eau étant élevée à la température de 65 à 85 degrés centig., les courants d'eau retenaient une chaleur constante pendant un temps assez long. Un feu vif est d'abord allumé, puis, lorsque l'eau a atteint le degré voulu, un feu entretenu modérément maintient une température égale.

Ces constructions peuvent être établies économiquement sur de forts pieux scellés dans le sol de distance en distance, et laissant en dessous un espace vide propre à la culture des champignons.

Dans la fig. 81, les courants d'eau ont lieu dans des conduits en briques fortement cimentés et supportés par une maçonnerie pleine, faite de matériaux peu conducteurs du calorique. Le courant de départ *a* étant large, des briques ont été posées de distance en distance, au milieu et dans la longueur, comme en *b*, pour maintenir les ardoises *i*, et aussi pour supporter d'une manière fixe la couche de sable *e*. L'eau, une fois échauffée, prend son cours vers le tuyau *c*, lequel communique avec le courant de retour *d*, et une circulation uniforme se trouve établie. La couche, au-dessus du courant *a*, pourrait servir aux multiplications; sur la partie qui recouvre le courant *d* seraient posées des plantes exotiques en pots, soit même des ananas.

La fig. 82 donne une bâche à ananas : les courants sont également supportés par une maçonnerie; les murs sont creux, de manière que l'air qui s'y trouve confiné évite une perte de calorique.

Les fig. 83 et 84 donnent le système complet. C'est d'après M. Rendle et le professeur Lindley la meilleure application qu'on en ait encore faite.

Cette serre est divisée en deux parties : on y entre par le milieu E; une des deux divisions est destinée aux multiplications ou aux plantes à forcer, l'autre partie est réservée pour faire lever les graines nouvellement importées. Les courants sont formés de briques sur les côtés et sur le fond, et couverts d'ardoises. Le sable est placé en *s*.

Au moyen des huit ouvertures D on peut ne chauffer qu'une des deux divisions de la serre, ou seulement un côté. De même la serre peut être chauffée en même temps dans toutes ses parties, toutefois chacune des bâches serait chauffée à un degré différent, formant ainsi quatre bâches distinctes qui peuvent recevoir l'influence de la chaleur selon le degré que réclame la nature des plantes qu'elles contiennent.

Les ouvertures D sont formées de tubes courts, de 10 centimètres de diamètre, et cimentés dans la maçonnerie en briques, la circulation est réglée au moyen de robinets ou de vannes.

Fig. 83. Plan de la serre.

A, chaudière; B, tubes de départ et de retour distribuant l'eau dans les diverses parties de la serre; C, magasin d'approvisionnement; D, emplacement des robinets destinés à arrêter la circulation, en tout ou en partie, cachés par des portes ou trapes donnant accès aux robinets, et que l'on peut laisser ouvertes pour répandre dans l'espace une vapeur humide; H, tablettes destinées aux rempotages; E, porte d'entrée.

Fig. 84. Coupe.

g, massifs en maçonnerie; *i*, courants d'eau établis dans la maçonnerie et recouverts d'ardoises; *s*, couches de sable ou pleine terre.

Conduite des appareils et du feu.

Quand on remplit l'appareil, il est essentiel qu'il ne reste pas de vide dans quelques-unes de ses parties; et pour cela il serait préférable que le tube de remplissage descendit jusqu'au fond de la chaudière, parce que, en cas d'irrégularité dans la position des pièces qui le composent, l'eau arrivant en montant chasserait devant elle l'air qu'elle pourrait rencontrer: car, en certains cas et dans certaines formes de chaudières, cet air pourrait porter obstacle au mouvement du liquide; cependant si l'on a eu soin de placer des tubes d'expansion à tous les tubes supérieurs, cet inconvénient ne sera guère à craindre.

Nous répèterons ici que si l'appareil était d'une grande étendue, et que le mouvement ne parût pas s'établir aussitôt que le feu serait bien allumé, on pourrait le déterminer en tirant quelques litres d'eau par le robinet de décharge, et en ajoutant une pareille quantité dans un tuyau d'expansion.

Les tubes de remplissage, comme ceux d'expansion, serviront encore à sonder la hauteur de l'eau, dont il faudra s'assurer tous les jours, afin de tenir l'appareil plein.

On doit avoir grand soin, quand dans l'hiver on a un appareil dont on ne fait pas d'usage, de le vider pour éviter les effets de la gelée, car, ou elle ferait crever les tuyaux, ou elle les gèlerait partiellement, ce qui empêcherait le mouvement de l'eau quand on allumerait le feu.

Article iv. — *Le thermosiphon employé simultanément avec le calorifère à air chaud.*

Nous avons dit que l'air chaud ne peut être porté dans les tuyaux conducteurs à une distance de plus de 12 mètres, tandis que l'eau en circulation peut porter la chaleur à une distance considerable (*). On peut donc se servir des deux systèmes pour chauffer,

1° Par la chaleur sèche, à un degré élevé, un lieu rapproché du calorifère ;

Et 2° pour porter, par des tubes d'eau, une chaleur tempérée dans un lieu plus éloigné.

Mais ce n'est pas tout : l'eau, étant placée dans l'appareil, autour du foyer, à la place où le combustible agit avec une grande efficacité, préservera la cloche ou les tuyaux de l'action du feu qui les ferait rougir et donner un air suréchauffé nuisible à la santé.

Le calorifère de la fig. 85 est combiné de manière à présenter ces deux avantages, que nous avons déjà indiqués page 39 et fig. 31, 31 *bis*. Ce calorifère est semblable à celui des fig. 32 à 34 (dont on peut lire la description pour comprendre celui ci), mais avec la différence qu'on ne lui a donné que trois rangées de tuyaux descendants, à cause du refroidissement que l'eau occasionnera, tandis que l'autre reçoit tout le calorique produit.

L'appareil se compose de deux cloches en fonte, dont l'une sert de foyer; les produits de la combustion s'échappent à la partie supérieure par deux ouvertures O qui les conduisent dans des tuyaux de fonte horizontaux FGH, qu'ils parcourent en descendant pour se rendre dans la seconde cloche surmontée du tuyau à fumée T.

On a remplacé ici le revêtement en briques *g h*, fig. 33, construit dans l'intérieur de la cloche, par une double cloche de C en C, en fonte, hermétiquement close. Cette double cloche renferme de l'eau entre ses parois, comme une chaudière de thermosiphon dont elle fait l'office.

Les tubes D portent directement l'eau aux étages supérieurs dans les récipients F, et reviennent, par les tubes E, dans le bas de la chaudière ou cloche, après avoir parcouru autant de récipients que l'on a jugé à propos d'en établir dans une ou plusieurs pièces.

La chaudière C, au lieu d'être fabriquée en tôle ou en fonte de fer, peut être en cuivre d'une bonne épaisseur, et l'on peut aussi ne pas la laisser monter aussi haut qu'il est indiqué dans la figure, ni la faire partir de plus haut que la grille du foyer, le tout selon le besoin d'un chauffage plus ou moins considérable.

La ventilation a lieu au moyen de l'air qui arrive par les conduits P, circule dans la chambre de chaleur I, et est conduite où il est nécessaire par les tuyaux MN. Elle a encore lieu dans les conduits R pratiqués sous les planchers, où l'air peut arriver du dehors et avoir accès dans les chambres en sortant par des bouches de chaleur fermées par des grillages.

Cet appareil a été combiné et établi par M. René Duvoir. Il est ingénieusement imaginé et d'un effet assuré, comme tout ce qui sort de ses ateliers.

Calorifères et thermosiphons chauffés par la chaleur perdue des cheminées d'usines.

Souvent la fumée s'échappe dans une cheminée à une température trop élevée. On peut l'utiliser en employant

(*) Dans un appareil construit à l'hospice royal de Charenton, M. Léon Duvoir fait parcourir à l'eau 400 mètres. Le retour a lieu à 30 degrés.

une des dispositions indiquées dans les fig. 86, 87, 88 par M. Peclet, à qui nous les empruntons.

» On voit dans ces figures (86, coupe transversale et 87, coupe longitudinale) une disposition très-simple d'un calorifère placé au bas d'une cheminée. La fumée passe autour d'un grand nombre de tuyaux de fonte, qui traversent la cheminée à sa base. L'air extérieur pénètre simultanément dans tous les tuyaux et se rend dans une chambre à air chaud A, qui se trouve sur la face opposée, d'où il est dirigé par le canal B, dans le lieu où il doit être employé.

La fig. 88 représente un calorifère qu'on peut facilement établir à côté des cheminées déjà construites. Un registre tournant D, permet de faire passer à volonté la fumée à travers le calorifère ou directement dans la cheminée.

La fig. 89 représente une chaudière de thermosiphon pouvant s'adapter au-dessus d'un foyer déjà utilisé. La fig. 90 en suppose la coupe placée dans la cheminée. A est le canal par où arrive la fumée du foyer, qui circule autour des plateaux *a* et des tubes de communication *b* comme on le voit indiqué par les flèches ponctuées. Les plateaux *a* ont 25 centim. de *c* en *d* et 15 centim. de *e* en *f*, fig. 92; les tubes ont 6 centim. de diamètre et les plateaux 2 centim. d'épaisseur. Les plateaux et les tubes sont placés de manière à offrir à la fumée le plus de surface possible de chauffe. On voit dans la fig. 91, coupe *x* de la fig. 90, que la fumée doit pénétrer dans les intervalles *y*. L'eau circule dans les plateaux et les tubes en s'élevant depuis le plateau inférieur jusqu'au supérieur, d'où il entre dans le tube de départ L pour revenir par celui de retour M. Nous reproduisons ici l'observation suivante que nous avons faite pour le thermosiphon de la fig. 70 : la vélocité de la circulation sera plus grande si le tube supérieur est horizontal selon la ligne ponctuée P, fig. 89.

CHAPITRE QUATRIÈME.

SUR LES APPAREILS A VAPEUR.

Nous avons traité succinctement des différents modes de chauffer, par la chaleur directe, par celle des calorifères à air chaud, et par le thermosiphon; ce sont ceux qui sont le plus généralement employés parce qu'ils n'exigent que des appareils faciles à concevoir, à exécuter et à conduire.

Le chauffage par la vapeur est beaucoup plus compliqué : il exige des études savantes et des constructeurs habitués à faire l'application de ce système à toutes les circonstances qui peuvent se rencontrer. Si nous voulions traiter ce sujet dans le présent ouvrage, il faudrait plus que doubler l'étendue de notre livre.

Peu d'ouvrages pratiques existent sur la matière; et ils

ne sont guère consultés que par les ingénieurs, seuls capables de diriger la confection des appareils.

Nous devons nous borner à essayer de donner une idée de ce système, qui trouve beaucoup moins souvent que les autres son emploi, dans les habitations et dans les serres, malgré les avantages qu'il présente.

Comme l'eau en circulation, la vapeur peut être dirigée en tout sens à une très-grande distance; car, ainsi que nous l'avons dit, elle peut porter la chaleur à 1,600 mètres de la chaudière.

Chacun a pu remarquer la force avec laquelle la vapeur s'échappe d'un vase d'eau bouillante, et quel mouvement elle imprime à une substance légère exposée à son effort; telle est la première observation qui a donné l'idée d'utiliser cette *vaporisation*.

La vaporisation est le changement d'état d'un liquide qui, abandonné à lui-même dans l'air ou dans le vide, se convertit en un corps gazeux prenant le nom de vapeur. Cet état commence lorsque l'eau entre en ébullition, c'est-à-dire lorsque la pression de la vapeur que le liquide développe surpasse la pression atmosphérique.

Mais si cette vapeur arrive dans des espaces froids, alors l'effet contraire est produit, le volume de vapeur se réduit tout à coup pour reprendre la forme dense que la chaleur avait fait dilater, c'est-à-dire qu'elle revient à l'état liquide; c'est ce que l'on nomme *condensation*.

Dans un appareil, la vapeur passant par des *tuyaux conducteurs* échauffe l'espace et puis arrive dans des *tuyaux de condensation;* le liquide qui s'y est formé est reconduit au moyen de canaux disposés à cet effet vers la chaudière, où, soumis de nouveau à l'action calorifique, il s'évapore et suit le mouvement qui lui est imprimé par le pouvoir du combustible.

La vapeur à 100 degrés occupe, sous la pression d'une atmosphère, un espace 1700 fois plus grand, environ, que l'eau qui l'a produite. Telle est la base sur laquelle repose l'emploi de la vapeur comme force motrice.

Voici quelles sont les parties principales qui composent les appareils à vapeur les plus généralement employés, fig. 100 et 101.

A. Le cendrier.

F. Le foyer et sa grille.

D. Les carneaux dans lesquels circulent la fumée et la flamme.

C. C. La chaudière.

B. B. Tubes bouilleurs communiquant à la chaudière par les orifices *e e*.

G. Générateur. C'est l'espace vide au-dessus de l'eau de la chaudière pour recevoir la vapeur produite et la transmettre aux tuyaux conducteurs par la tubulure *t*.

H. Entrée du tuyau d'alimentation, lequel est muni d'un réservoir.

S. Soupape de sûreté donnant issue à l'excès de vapeur.

T. Orifice ou trou d'homme par lequel on s'introduit dans la chaudière pour la nettoyer ou la réparer après avoir fait écouler l'eau au moyen d'un robinet.

Outre ces diverses parties constituant l'ensemble d'un appareil à vapeur, il en est d'autres que nous n'avons pas figurées ici; ce sont :

Le *registre* destiné à régler le feu.

Une *soupape* réglant l'introduction de l'eau dans la chaudière.

Une *soupape* servant à la rentrée de l'air dans le générateur quand la pression intérieure s'abaisse au-dessous de celle de l'atmosphère.

Un *flotteur* maintenu en équilibre à la surface de l'eau contenue dans la chaudière au moyen d'un poids fixé à un petit *balancier*, et muni d'une *aiguille* perpendiculaire indiquant par ses oscillations l'élévation ou l'abaissement du niveau du liquide.

Une *plaque fusible*, empêchant la température de dépasser celle de la fusion de l'alliage dont elle est formée.

Les *tuyaux de conduite*, chauffant les espaces voulus.

L'*appareil de condensation* où la vapeur se transforme en liquide, lequel s'écoule par des tuyaux dont l'office est de le faire évacuer au dehors ou de le conduire à la chaudière pour être de nouveau réduit à l'état de vapeur.

Nous le répétons, la disposition d'un appareil à vapeur étant variable et plus ou moins compliquée dans ses détails selon l'application qu'on en veut faire, son prix étant élevé et son emploi peu commun dans les serres et les appartements, on sera toujours obligé d'avoir à traiter avec un constructeur.

CHAPITRE CINQUIÈME.

TUYAUX ET TUBES: CHOIX, JONCTION.

Le choix des tuyaux ou tubes dans les appareils à eau chaude circulante n'est pas une chose indifférente, nous allons entrer à cet égard dans quelques détails dus à la pratique et à l'expérience. Nous devons d'abord recommander de ne pas employer de tuyaux de plomb à cause du gonflement que leur fait éprouver la pression d'où résulte la rupture. — De même que le plomb, le zinc change de forme et tend toujours à se dilater sans reprendre sa première forme ou sa première dimension, outre qu'il s'oxyde très-promptement.

L'étain qu'on est obligé d'employer pour soudure se dilatant d'une manière inégale avec le zinc, les métaux se séparent promptement et les joints restent libres.

Dans aucun cas, la soudure d'étain ne devrait être employée; pour les tubes et pour les chaudières de cuivre, il faudrait toujours se servir de soudure forte.

Le cuivre est souvent employé et présente des avantages réels dus à sa conductibilité et à son peu d'épaisseur.

On emploie aussi avec succès pour la circulation, des tuyaux en fonte de fer beaucoup moins coûteux qu'autrefois, en raison de ce que la fonte est à plus bas prix, et que l'on fabrique présentement des tuyaux beaucoup plus minces.

La quantité de calorique passant à travers les parois des tubes métalliques ne varie pas sensiblement par le plus ou moins d'épaisseur. Mais, il en est tout autrement de leur condutibilité quand ils sont d'une nature moins conductrice; ainsi plus un tuyau de terre cuite aura d'épaisseur et moins il laissera passer de chaleur.

Il est donc très-essentiel, si on veut obtenir beaucoup de chaleur, de choisir des tuyaux du métal le plus conducteur du calorique. Voir à ce sujet le chapitre Ier, page 7.

Le *cuivre* noirci extérieurement pouvant se travailler et se réparer facilement, et conservant toujours la moitié de sa valeur lorsque l'appareil n'est plus utile, est préférable à la tôle de fer, d'autant plus que dans beaucoup de cas il peut s'employer très-mince.

La *tôle de fer*, par sa prompte oxydation, ne peut être d'un bon usage, même quand elle est galvanisée (recouverte d'une couche de zinc).

Le *zinc* est pareillement oxydé et percé de trous en moins de temps encore que le fer.

La *fonte de fer* a trop de poids et gêne souvent. Cependant, si l'eau du thermosiphon doit être envoyée à une certaine hauteur, le cuivre pourrait n'avoir pas assez de force pour supporter le poids de l'eau, et il faudrait alors employer des tuyaux de *fer battu* dont les joints fussent parfaitement lutés. En pareil cas, la chaudière devra être construite en fonte de fer ou en fer battu d'une épaisseur convenable.

Les tuyaux pour la circulation de l'eau chaude peuvent être ronds ou méplats comme la fig. 46 (planche 9-10), selon les conditions dans lesquelles doit se trouver l'appareil.

Si l'on veut remplacer un tuyau méplat par un tuyau rond, on devra faire la règle suivante :

Moyen de mesurer une aire circulaire inscrite dans un carré.

Le carré étant 24 centim. (ou millim.) multipliés par 24 donne 576; 576 divisé par 14, produit 41 1/7e; multipliant ce dernier produit par 11, on obtient 452 3/7e. La différence du carré au cercle présente donc une différence de 1/5e environ.

S'il s'agit de trouver dans une aire circulaire l'équivalent du carré, il faut ajouter au diamètre 1/8e.

Soit à 24, ajouter 3, égale 27 qui, multiplié par lui-même, donne 729; 729 divisé par 14 produit 52 qui, multiplié par 11, donne 572 approchant de 576, mesure du carré.

Donc, pour remplacer un tuyau carré de 24 millim. par un tuyau rond équivalent, il faudra donner au rond 27 millim. de diamètre.

Les joints, quoique devant être impénétrables aux fluides qu'ils renferment, devront cependant avoir une élasticité légère, dans le but de rendre la liaison moins sujette à être dérangée par les accidents.

Les modes de jonction sont de plusieurs espèces et ont chacun leur avantage.

Le mode le plus ancien consiste à faire entrer les parties l'une dans l'autre de force, car, si ces bouts s'emboîtent sans effort, les diverses contractions que peuvent éprouver les tuyaux les rendent bientôt incapables de retenir les fluides.

Deux métaux d'espèces différentes ne devront être employés ensemble que le moins possible; dans ce cas, le métal qui se dilate le plus sous l'influence de la chaleur devra être entré dans l'autre, autrement il pourrait en résulter des inconvénients.

Les méthodes les plus usitées, comme les plus simples, sont celles qui consistent à placer entre les collets des plaques annulaires serrées fortement au moyen d'écrous. On a employé aussi des rondelles d'étain dont les faces sont dentées ou rayées, elles ont de 8 à 10 millim. d'épaisseur, et on les adapte sur les bouts bien unis; on serre fortement les écrous, quand le métal est froid, et alors la jonction prend une solidité très-satisfaisante. Le plomb, en raison de sa compressibilité, réussit mal; il serait préjudiciable de l'employer dans ce cas.

Cette méthode de jonction des tuyaux, la plus habituellement en usage, est représentée fig. 93.

Les tuyaux sont terminés par des collets *a* que l'on réunit avec des écrous *b*, mais avant on place entre eux une rondelle d'une substance flexible *c* qui se moule exactement sur les deux surfaces, et empêche toute sortie de fluide. La matière que l'on interpose est souvent encore une toile lâche ayant la forme annulaire des collets, et pas trop mince: afin de laisser un peu d'élasticité au joint l'on imbibe cette toile d'une pâte consistante, formée de céruse broyée à l'huile de lin et épaissie avec du minium; ce mastic rouge se durcit rapidement et adhère très-fortement aux métaux.

On lute encore les joints en interposant entre les collets une toile en fil de fer enduite de mastic rouge. Ce mode de jonction, dit M. Peclet, a très-bien réussi.

Lorsque les collets ont été tournés, on peut les réunir en interposant entre eux seulement une feuille de papier épaisse mouillée avec une dissolution de sel marin. Le métal s'oxyde alors promptement et devient très-solide.

Une seconde méthode de jonction est représentée par deux projections et une coupe (fig. 94), elle consiste dans la pénétration d'un de ces tuyaux dans l'autre; on les maintient par un bourrelet de ciment de fer ou *mastic de fonte*.

On emploie avec avantage pour la jonction des tuyaux en fonte une sorte de scellement en plomb ingénieux et simple; remplaçant la jonction par des boulons, supposons deux tuyaux *a b*, fig. 95, que l'on veut joindre: chacun est terminé par un bord rabattu, les bords du tube *b* sont sphériques, de manière à venir poser sur la partie intérieure ronde du tube *a*; l'extrémité du tube *a* est fermée par un boudin de terre et on coule du plomb entre les deux tubes jusqu'au bord, en refroidissant il s'opère un retrait auquel on remédie en tassant le plomb au marteau jusqu'à ce que la jonction soit parfaite.

Cette sorte de jonction est d'autant plus commode qu'elle est facile à réparer lorsqu'elle fuit; il suffit de refouler le plomb jusqu'à ce qu'il remplisse parfaitement l'espace. Ce mode de jonction permet aussi de pouvoir obliquer les deux tuyaux sans qu'ils cessent d'être joints.

On peut aussi assembler à l'aide d'un manchon à écrou. Cette disposition permet de changer un tuyau sans déranger les autres, voir la fig. 53 et la page 68.

Dans les joints les plus exposés au danger d'une inégale dilatation, il faut garnir avec du chanvre ou du coton tressés en anneau et imprégnés de suif fondu. — Cette disposition permet aussi de défaire de temps en temps ces joints pour le nettoyage. Pour une grande longueur de tubes de cuivre, il faut, de 6 en 6 mètres environ, fixer des agrafes qui donnent la facilité de les détacher et de les visiter sans dessouder.

Fig. 96, les deux bouts du tuyau *a* devant s'appliquer l'un près de l'autre sont rebroussés en dehors tout autour et bien également, de telle sorte que chacun joigne bien contre l'autre; les deux parties annulaires de l'agrafe sont alors serrées au moyen d'écrous, et viennent pincer les rebords de cuivre ainsi que le montre la figure *b*. La fig. du milieu est un des deux anneaux que l'on voit réunis en *a a*.

Entre ces rebords on place une rondelle en toile comme celle indiquée ci-dessus, page 87. Du reste, tous les plombiers et fontainiers connaissent très-bien les agrafes.

Une chose des plus importantes à observer lors de la disposition des appareils, c'est de se rappeler combien il est nécessaire de laisser assez d'espace pour le jeu de l'extension des tuyaux de métal, effet qui a lieu dès qu'ils commencent à s'échauffer. Telle est la force expansive du fer que rien ne peut lui résister. La force d'expansion en élevant la température jusqu'à 100 deg. est de 35 millim. pour 30 mètres de tuyaux en fer. Pour les tuyaux de cuivre cette force est de 15 millim. pour la même longueur. Ces tuyaux devront donc être dégagés, afin qu'ils aient la liberté de s'étendre, car leur construction étant en raison de leur extension, s'ils ne peuvent aussitôt reprendre leur position première, ils se brisent. Les tuyaux horizontaux étant plus chauds à leur surface supérieure qu'en dessous, il résulte que leur dilatation s'opère inégalement et qu'ils tendent à prendre une légère courbure. Ces tuyaux, surtout s'ils ont une certaine étendue, devront donc être supportés par des galets ou rouleaux qui leur permettent d'agir librement en suivant les mouvements qui résultent de leur dilatation. La fig. 97 indique la position d'un galet, il est supporté par deux montants en bois solide dans chacun desquels une petite entaille est ménagée pour enlever le galet au besoin. Ces galets se font en bois ou en métal, ils peuvent être droits comme celui qui est représenté ici ou légèrement concaves; une fois à leurs places ils pivotent sur les deux montants de manière à permettre à l'extension métallique de jouer sans obstacle.

Il y a quelquefois des circonstances qui exigent qu'une ou plusieurs parties des tuyaux soient fixes. Il faut alors nécessairement, si le tuyau est peu flexible, que l'effet de la dilatation ait lieu sans que les extrémités du tuyau changent de place.

La méthode la plus simple, pour remplir cette condition, consiste à interrompre les tuyaux que nous supposerons en fonte, et à établir la communication au moyen d'un tuyau contourné A B C, fig. 98, formé d'un métal flexible; la dilatation, en rapprochant les extrémités A B, ne ferait qu'augmenter un peu la courbure au point C, et la contraction, en écartant ces mêmes points, la diminuerait; un tuyau en cuivre mince se prêterait facilement à ces mouvements, qui, d'ailleurs, sont toujours peu sentis.

On pourrait aussi employer le procédé indiqué par Rumford, qui consiste à joindre les tuyaux par un tambour en cuivre mince (fig. 99) d'un diamètre assez considérable pour qu'il pût s'étendre et se contracter sans se déchirer.

Mastic de fonte pour la jonction des tuyaux et chaudières et pour réparations.

Composition selon M. Peclet :

25 à 30 parties limaille de fer non oxydée;
1 sel ammoniac;
1 fleur de soufre;
Eau et urine pour délayer à consistance de pâte.
La matière s'échauffe et se durcit promptement.

Soudure.

Lorsqu'on veut souder des tubes de cuivre, on fait dissoudre du zinc dans de l'acide hydrochlorique, et on frotte avec cette dissolution les surfaces à souder. Cette substance remplace avec avantage le sel ammoniac et la résine. S'il se rencontre des taches noires de tartre, on devra, après les avoir préalablement étendues de l'acide ci-dessus, les gratter, opération facilitée par la présence de l'acide.

TROISIÈME PARTIE.

ASSAINISSEMENT : VENTILATION.

Causes de la corruption de l'air dans les locaux habités.

Dans les fonctions de la respiration, l'homme et les animaux absorbent de l'oxygène et exhalent de l'acide carbonique. Ils émettent en outre, par tout le corps, soit par la respiration, soit par la transpiration, des vapeurs aqueuses mêlées de quelques principes animalisés et de calorique libre.

Pour l'homme en état commun de force et de santé, l'oxygène absorbé est d'environ 30 à 35 litres par heure, quantité contenue en 175 litres d'air atmosphérique. Mais il ne peut respirer cet air jusqu'à la complète consommation de son oxygène, car, dès qu'il s'en trouve privé d'un tiers, la respiration devient laborieuse. Le nombre de litres d'air nécessaire à l'homme est donc, par heure, de litres. 525

La vapeur aqueuse produite dans le même temps a vicié l'air de, litres. . . 7,600

Total de l'air vicié en une heure par un homme. . . . . 8,125 litres, ou 8 mètres cubes environ.

Si chacun des hommes qui sont renfermés n'avait pas à sa disposition cet air renouvelé par heure, les vapeurs animales seraient préjudiciables à la santé, surtout si un exercice musculaire était opéré par ces hommes.

Il est donc nécessaire que la quantité de 8 mètres cubes d'air par personne puisse entrer dans le lieu habité. De plus, cet air doit être échauffé pour ne pas nuire à la santé.

Ces calculs se rapportent à ceux de M. Payen. Les nouvelles expériences, citées par M. Peclet, concluent à un moindre nombre : « Ainsi, dit ce savant, le volume d'air à fournir par individu et par homme est, à peu près, de 6 mètres cubes, » tant pour la transpiration pulmonaire que pour la transpiration cutanée.

Respiration et transpiration végétales.

Les *parties vertes* absorbent, *pendant la nuit*, de l'oxygène et exhalent de l'acide carbonique. — *Pendant le jour*, elles décomposent l'acide carbonique, exhalent l'oxygène et gardent le carbone. Cet acide carbonique provient de l'air, des racines et de la combinaison de l'oxygène absorbé pendant la nuit avec le carbone de la plante.

Les *parties colorées* (fleurs, fruits mûrs, feuilles colorées, racines, graines, etc.) absorbent l'oxygène et exhalent l'acide carbonique *de jour et de nuit.*

Il semblerait donc que les plantes devraient se suffire à elles-mêmes, et qu'elles n'auraient pas besoin de renouvellement d'air; mais il n'en est pas ainsi, et tout le monde sait que, si on ne renouvelle pas l'air, les plantes finissent par périr dans un espace de temps plus ou moins long.

En outre, les plantes exhalent par la transpiration, à masses égales, dix-sept fois plus qu'un homme.

Il est donc absolument nécessaire d'établir dans toutes les serres un renouvellement d'air, et il faut faire en sorte que cet air soit pur. Dans l'air pur, la nature de chaque plante sait choisir ce qui lui convient. Il faut, enfin, placer les végétaux dans une serre sous les mêmes influences que quand ils sont en état de liberté.

Il est donc utile d'avoir le moyen de varier à volonté la ventilation d'une serre chaude pendant l'hiver, et il n'est jamais avantageux de la fermer hermétiquement, ni même d'y diminuer la ventilation de manière à la rendre presque nulle. La plus légère attention suffit pour reconnaître combien, dans tous les temps, la circulation de l'air est indispensable à l'existence des plantes. La quantité d'air qui circule par les vides entre les carreaux du vitrage remplit amplement cette condition quand le toit est vitré de la manière la plus parfaite; mais, quand il l'est imparfaitement, la ventilation est beaucoup trop forte, attendu qu'elle enlève une trop grande quantité de chaleur.

En hiver on peut se contenter de ce mode de ventilation, parce qu'elle suffit aux besoins de la saison et qu'elle s'opère de la manière la plus égale sans faire sentir aucun courant d'un certain volume.

Cet air peut être évalué avec assez d'exactitude. La hauteur moyenne d'une serre étant supposée de 3 mètres, la différence entre l'air de la serre et celui du dehors étant de 16 degrés, un vitrage médiocrement exécuté laisse pénétrer par les vides, 5 pieds cubes d'air frais par minute et par chaque pied de longueur de la serre. Bien exécuté la différence sera de moitié.

On peut, par là, se convaincre combien il est important de n'employer en vitrage que ce qui peut être placé favorablement pour donner de la lumière, comme il est avantageux que les serres aient de doubles portes pour éviter une perte immense de chaleur chaque fois qu'on entre ou qu'on sort.

D'ailleurs un tel mode de renouvellement de l'air est inégal : plus rapide quand il fait plus froid et souvent moins rapide dans des circonstances où il est plus nécessaire.

Il faut aussi considérer que cet air est froid et qu'il saisit les plantes voisines des accès de son introduction, on atteindrait beaucoup mieux le but de la nature en fermant entièrement le vitrage et en introduisant un air échauffé. Il est facile de remplir cette condition en donnant accès seulement à l'air que l'on aura introduit en passant autour du foyer d'un calorifère, autour d'un poêle à double enveloppe ou autour de la chaudière du thermosiphon. Dans les articles Calorifères et Thermosiphon, nous avons suffisamment indiqué les moyens d'introduire de l'air, et de l'introduire à volonté au moyen de registres placés dans les canaux qui ont cette destination.

Soit dans les lieux habités, soit dans les serres, il serait nuisible que l'air arrivât continuellement.

Dans les lieux habités il est inutile d'aérer quand les personnes ne sont pas réunies, et c'est en cela que sont préférables les appareils qui se placent dans les pièces mêmes à échauffer; parce que l'on peut fermer l'accès d'air du dehors pour prendre celui de la pièce, l'échauffer sans perdre d'air chaud et ouvrir seulement quand le rassemblement des personnes exige la ventilation.

Dans les serres il serait imprudent de laisser de nuit l'accès de l'air extérieur ouvert s'il n'y a pas un homme de garde pour soutenir le feu et réparer ce que fait perdre la ventilation; car le foyer s'éteignant et l'air entrant toujours, quoiqu'avec moins de rapidité, un refroidissement trop grand pourrait avoir lieu. On pourrait même, dans la saison très-rigoureuse, ne donner de l'air par la ventilation artificielle que dans les moments qui paraîtront les plus opportuns, par exemple quand on aura allumé le feu du soir, le matin quand on le rallumera et au milieu du jour.

L'arrivée de l'air chaud devra toujours avoir lieu par le bas des pièces. Mais la sortie pourra se faire soit à la partie supérieure, soit à la partie inférieure.

M. Peclet enseigne, dans son *Traité de la chaleur*, que l'air chaud des calorifères arrivant toujours à une température plus élevée que celle des pièces, le courant monte directement à la partie supérieure, et sans que ces courants augmentent beaucoup de largeur. Alors, si les orifices de sortie sont placés dans le sol ou à une petite hauteur, l'air, arrivé à la partie supérieure, se distribue par couches horizontales de même température, et descend régulièrement en se refroidissant, quels que soient d'ailleurs le nombre et la position des orifices d'appel. Il y a cependant contre les surfaces de refroidissement des remous occasionnés par la transmision de la chaleur, mais ils ne s'étendent pas à une grande distance.

Si les orifices d'écoulement étaient placés à la partie supérieure, les veines d'air chaud, qui s'élèvent verticalement, alimenteraient presque seules les orifices d'appel, et l'air environnant ne serait pas renouvelé. Ce renouvellement n'aurait lieu qu'autant que les orifices d'accès seraient répartis régulièrement sur toute la surface du sol.

Le mode d'écoulement de l'air à la partie supérieure est indispensable dans les salles de spectacle, où un nombre excessif de personnes se trouvent réunies et où une grande quantité d'humidité est exhalée; mais dans les lieux ordinaires il est bien préférable de retirer l'air par le bas des pièces et de le conduire au foyer qui facilitera son mouvement par le tirage. Il y aura moins de perte de chaleur et plus d'économie.

Il est à considérer aussi que la plus grande partie des gaz sont plus lourds que l'air, et que parmi ceux-ci le plus nuisible, l'acide carbonique, ne se mêlera pas à l'air respiré si on tire l'air par le bas. Les vapeurs aqueuses seront aussi attirées par le bas au moyen de la circulation.

Mais, il faut le répéter, les orifices d'air chaud arrivant devront être assez éloignés des accès de sortie pour que ces derniers n'attirent pas immédiatement l'air chaud en pure perte. Ils devront encore être placés de manière à ne pas nuire aux personnes ou aux plantes, si toutefois le tirage était trop fort.

L'air sera pris, pour être amené autour des calorifères, dans l'endroit le plus sain.

L'ouverture sera large, et le canal où elle conduira devra avoir une mesure égale à celle de toutes les bouches de chaleur réunies. Cette ouverture sera au niveau du sol et se fermera par une trappe ou porte en bois, soit horizontale, soit verticale, soit oblique comme une entrée de cave. On l'ouvrira et on la fermera à volonté, indépendamment des registres qui seront placés à chaque bouche de chaleur.

Les conduits d'air froids pourront être formés de toutes matières, soit bois, maçonnerie, ou tuyaux de terre cuite. Ils arriveront à travers les murs ou tout autrement.

On ferait mieux encore de disposer les choses de manière que l'air extérieur s'introduisît en passant d'abord sur la surface des tuyaux à fumée; en sorte que l'air le plus froid, en contact avec les surfaces qui enveloppent la fumée, lui enlevât une chaleur perdue, et cela avec d'autant plus d'efficacité que la différence de la température sera plus forte. Cet air s'échaufferait ensuite graduellement en approchant davantage du foyer de la combustion près duquel il entre dans l'espace qu'il doit chauffer. Dans tous les cas, il faut multiplier le plus possible les surfaces conductrices en contact avec l'air que l'on doit échauffer.

Ventilation par le foyer.

Dans la fig. 24, planche 4, nous avons indiqué un moyen de tirer l'air d'une serre pour le conduire au foyer et y établir ainsi une ventilation forcée sans permettre aucune communication avec l'air extérieur autrement que par l'arrivée d'un air chaud, qui passerait sur un calorifère ou poêle quelconque à enveloppe. Le plan représenté dans la figure est une serre d'une longueur indéterminée. Au pied du mur de fond P, la terre a été creusée à 18 cent. de profondeur sur une largeur de 50 centimètres environ. L'espace est partagé ou bordé par des planches *q*, de manière à former : 1° un canal R ayant son orifice de prise d'air en S; 2° un canal T ayant son orifice en U, et 3° un canal V ayant son orifice en X. Tous trois aboutissent sous la grille du foyer. Ces trois canaux, dont les prises d'air sont, une à chaque bout de la serre, et la troisième ou plusieurs autres, si on le jugeait à propos, vers le centre de distance en distance, sont recouverts de planches. Les seuls orifices d'accès S, V, X sont couverts de trappes. En outre, un ou plusieurs registres ou trappes à coulisses peuvent être placés en *y* près du foyer pour intercepter complétement l'air en cas de besoin.

Aussitôt qu'il ne gèle plus, on donne de l'air par les portes et les châssis, à certaines serres, telles que les orangeries et les serres tempérées d'un bas degré; mais les serres chaudes ne s'ouvrent pas encore dans des mois où l'on ne fait plus de feu et où le soleil fait vivement sentir ses rayons sur le vitrage, ce qui occasionne une chaleur qu'il faut cependant modérer par une ventilation humide.

Nous avons vu en pareil cas employer un procédé que nous citerons. M. Delaire, jardinier en chef du jardin botanique d'Orléans, admet la continuation d'accès d'air par les ouvertures qui le conduisent au calorifère, et introduit ainsi un air qui se trouve légèrement chargé d'humidité au moyen d'un large vase d'eau placé dans le conduit.

Moyen simple de mesurer la vitesse de l'air dans un conduit, et la quantité qui peut y passer dans un temps donné.

On place une petite bouffée de noir de fumée à l'entrée d'un tuyau dans lequel passe le courant dont on se propose de mesurer la vitesse. On observe bien exactement, par la sortie de la poudre noire, le temps qu'elle aura employé à parcourir la longueur du tuyau, et il est bien clair que ce sera la mesure de la vitesse du courant. Il est plus certain d'ailleurs de répéter cette expérience plusieurs fois de suite, afin de prendre une moyenne qui présente encore plus de probabilité d'exactitude.

Ayant obtenu la vitesse de l'air par ce moyen, on aura la quantité introduite dans un temps donné en mesurant la partie la plus étroite du canal où passe l'air, et multipliant cette surface par la vitesse de l'air.

Exemple : soit un conduit de 100 décimètres de longueur et dont l'ouverture soit de 4 décimètres carrés (un parallélogramme ou un cercle réduit à un carré de 2 décimètres de côté). En supposant la vitesse de 1 mètre par seconde, on aura en multipliant d'abord la surface par la longueur : 4, multiplié par 100, soit 400 ; c'est-à-dire une colonne d'air égale à 400 décimètres cubes.

FIN.

TABLE.

APPENDICE.

CALCULS

RELATIFS AU REFROIDISSEMENT DE L'AIR PAR LES VITRES ET LES ISSUES.

CALCULS

DES PROPORTIONS A DONNER AUX TUBES ET AUX CHAUDIÈRES DES THERMOSIPHONS.

(Extraits de deux mémoires de M. Sebille Auger, l'un imprimé dans le *Bulletin de la Société industrielle d'Angers*, et l'autre encore inédit.)

Des combustibles et de la chaleur.

En fait de combustibles, je ne m'occuperai que de la houille et du bois. Je ne donnerai même les nombres que pour la houille, parce qu'en *multipliant* par deux et demi une quantité de houille indiquée en poids, on aura son équivalent en bois, supposé d'un an de coupe, et séché naturellement.

Si c'est un résultat obtenu par la houille qu'on veut comparer à celui que donnerait le bois, il faut, pour avoir ce dernier, *diviser* le premier par deux et demi.

Ainsi, pour obtenir du bois une somme de chaleur égale à celle que donnent 100 kil. de houille, il en faut 250 kil., ou 2 fois et demi le poids de la houille. Si l'on veut obtenir de la houille la chaleur fournie par 100 kil. de bois, il n'en faut que 40 kilogr., ou un poids 2 fois et demi plus faible que celui du bois.

On est convenu d'appeler unité de chaleur la quantité de chaleur nécessaire pour élever d'un degré la température d'un décimètre cube ou d'un litre d'eau.

Le nombre d'unités de chaleur indiquées pour un combustible, est appelé le pouvoir calorifique de ce combustible. Quand on dit que le pouvoir calorifique de la houille est 3,600, ou qu'elle représente 3,600 *unités de chaleur* (*), cela signifie qu'un kilogramme de houille peut, par une bonne combustion, communiquer à un kilogr. d'eau 3,600 degrés de chaleur, ou plutôt communiquer 100 degrés de chaleur à la centième partie de 3,600, soit à 36 litres ou kilogrammes d'eau, c'est-à-dire porter à l'ébullition cette quantité d'eau supposée prise à zéro.

(*) Par la perfection des appareils on obtient jusqu'à 4,500 unités. On obtient même davantage quand le tuyau à fumée peut être utilisé. A***.

Des causes du refroidissement d'une serre et des moyens d'en calculer la quantité.

Le refroidissement d'une serre tient à trois causes :

1° La pénétration de l'air extérieur par les jointures imparfaites de chaque porte et fenêtre. Cette quantité d'air s'exprime en énonçant le nombre des portes et fenêtres, et en multipliant par ce nombre la somme d'air introduite par une porte ou une fenêtre.

2° La pénétration de l'air extérieur par les intervalles que laissent entre eux les carreaux du toit vitré (*), et par les jointures imparfaites des trappes. La quantité d'air extérieur introduite ainsi par chaque mètre de longueur du vitrage incliné doit être multipliée par le nombre de mètres compris dans la longueur totale du toit vitré.

3° La perte de chaleur causée par le contact de l'air extérieur avec les vitrages de toute espèce.

Pour que les trois causes ci-dessus de refroidissement d'une serre soient exprimées de la même manière, on suppose qu'une certaine quantité d'air extérieur pénètre aussi dans la serre par chaque mètre carré du vitrage, et y cause un refroidissement égal à celui que produit la troisième cause énoncée.

La perte de chaleur par les murs et autres parois est de peu d'importance, s'ils ont une épaisseur convenable (**).

Le refroidissement total sera donc représenté par l'addition des trois quantités d'air qui pénètrent, ou qu'on suppose pénétrer dans la serre dans un intervalle de temps donné, par exemple, pendant une heure.

Le total de cette addition comprendra donc : 1° la quantité d'air que laisse entrer chaque porte ou fenêtre, en multipliant cette quantité par le nombre des portes ou fenêtres ; 2° la quantité d'air introduite par les intervalles des vitrages et les jointures imparfaites des trappes, quantité calculée par mètres carrés, et multipliée par le nombre de mètres que contient le toit vitré ; 3° enfin, une quantité fictive d'air qu'on suppose introduit dans la serre, pour exprimer le refroidissement intérieur produit par le contact de l'air extérieur et des vitrages. Tels sont les éléments du refroidissement dont il faut tenir compte, et qui peuvent s'exprimer en chiffres.

La température de ce volume d'air doit être portée du degré de l'air extérieur au degré de l'air intérieur de la serre ; elle doit donc être réchauffée d'un nombre de degrés égal à la différence entre ces deux températures.

Pour échauffer cette masse d'air au degré voulu, il faut un nombre d'unités de chaleur égal au nombre de mètres cubes qu'elle contient, multiplié par la différence des deux températures, extérieure et intérieure.

Si l'on suppose la hauteur intérieure de la serre de deux mètres, la température extérieure à 10 degrés au-dessous de zéro, et la température intérieure à 20 degrés au-dessus

(*) Si l'on adopte l'usage déjà existant au Jardin des plantes à Paris, de calfeutrer entièrement le vitrage, on aura à supprimer du calcul cette cause de refroidissement. A***.

(**) Si la serre est enfoncée en terre, ou appuyée à une terrasse, non-seulement il n'y aura pas à compter ces surfaces comme cause de refroidissement ; mais toutes les fois que la température de la serre sera au-dessous de celle du sol, il y aura par celui-ci un dégagement de chaleur égal à la différence de degrés du thermomètre entre ce sol et la serre. A***.

de zéro, ce qui donne 30 degrés de différence, on aura 12 mètres 667 millièmes pour la quantité exprimée en mètres cubes, d'air extérieur qui pénètre en une heure par chaque porte ou fenêtre. Ce nombre, pour avoir la totalité de l'air introduit de cette manière, doit être multiplié par le nombre des portes et des fenêtres.

La même hypothèse donne 41 mètres cubes, 307 millièmes, pour la quantité d'air extérieur qui pénètre en une heure par les vides qui se trouvent entre les carreaux du toit vitré, pour un mètre de longueur; il faut multiplier ce chiffre par le nombre de mètres de la longueur du toit, pour avoir la somme des mètres cubes d'air extérieur introduit de cette manière. Il faudrait prendre deux fois cette somme, si la serre était à deux versants.

Quand le vent souffle avec violence, il pénètre plus d'air par les vides des carreaux que par un temps calme. Il faut alors, pour compenser cet excès, ajouter dans cette hypothèse un cinquième à la différence de température entre l'intérieur et l'extérieur de la serre. Cette différence devient alors de 36 degrés au lieu de 30; mais ce cas est exceptionnel.

Nous avons dit qu'on pouvait représenter le refroidissement causé par le contact de l'air extérieur avec la surface de tous les vitrages, par l'entrée d'une quantité déterminée d'air extérieur supposé pénétrer par heure dans la serre par chaque mètre carré de vitrage.

Le chiffre qui exprime cette quantité d'air introduite est de 27 mètres cubes 75 millièmes. Cette valeur est indépendante de la température.

Pour trouver la quantité totale d'air extérieur supposé pénétrer par heure dans la serre par le vitrage, il faut donc multiplier 27 mètres cubes 75 millièmes par le nombre de mètres de longueur de la totalité des vitrages qui forment le toit de la serre.

En rassemblant les nombres qui expriment les quantités d'air extérieur qui opèrent le refroidissement de la serre par les trois causes que nous avons exposées, on trouve qu'il faut multiplier 12 mètres 667 millièmes par le nombre des portes et des fenêtres; multiplier 41 mètres 307 millièmes par le nombre de mètres compris dans la longueur du toit vitré; multiplier 27 mètres cub. 75 millièmes par le nombre de mètres carrés de la totalité des vitrages, enfin additionner les chiffres obtenus par ces trois multiplications, chiffre qui exprimera la somme du refroidissement total.

Si les mesures employées sont des mètres cubes, ce chiffre exprimera des mètres cubes. Comme on a besoin d'avoir le volume d'air entrant exprimé en décimètres cubes, le chiffre de l'addition des mètres cubes doit être multiplié par mille, parce qu'un mètre cube contient mille décimètres cubes.

La somme des mètres cubes étant multipliée par mille doit l'être aussi par 30 (nombre de degrés exprimant la différence des deux températures extérieure et intérieure) pour avoir le nombre de degrés de chaleur nécessaire pour compenser le refroidissement qu'éprouve la serre.

Mais ce nombre, quand on l'aura obtenu, représentera des degrés de chaleur relativement à l'air, et l'on a besoin de la connaître relativement à l'eau. Pour cela, il faut diviser le nombre obtenu par 2,850, chiffre qui exprime le rapport calorifique de l'air et de l'eau en volume.

On a alors mille fois la somme du refroidissement total à multiplier par 30 degrés, différence des deux températures extérieure et intérieure ; le produit de cette multiplication doit être divisé par 2,850. Le quotient de cette division donne 3,509, dix millièmes de la somme totale du refroidissement, multipliée par la différence des deux températures.

Pour rendre plus intelligible ce qui précède, je vais l'appliquer à une bâche qui existe chez moi à Dampierre, près Saumur. Cette bâche, qui n'a qu'une porte, a 10 mètres de longueur ; son toit vitré et un pignon vitré ont ensemble 32 mètres carrés de surface ; ce chiffre exprime la surface totale des vitrages. Les bases du calcul sont donc : 1° quantité d'air extérieur introduite par les portes et fenêtres, 12 mètres cubes 667 millièmes. Comme il n'y a qu'une porte, ce nombre doit être multiplié par *un*, ou pris une fois seulement.

2° Quantité d'air introduite par les vides des carreaux du toit, 41 mètres cubes 306 millièmes par mètre de longueur. Le toit ayant dix mètres, ce nombre doit être multiplié par 10, ce qui donne 413 mètres cubes 65 millièmes.

3° Quantité fictive d'air introduit, pour représenter l'effet du contact de l'air extérieur avec le verre, 27 mètres cubes 75 millièmes par mètre carré de surface. Le nombre de ces mètres étant 32 dans la bâche prise pour exemple, ce nombre doit être multiplié par 32, ce qui donne 866 mètres cubes 400 millièmes.

Ces trois sommes additionnées donnent pour total 1292 mètres cubes 132 millièmes, somme des mètres cubes d'air à réchauffer.

Cette somme doit être multipliée par 3509 dix millièmes, c'est-à-dire, multipliée par 3509 et divisée par dix mille, ce qui donne 453 mètres cubes 42 centièmes. Ce chiffre multiplié par 30, différence des deux températures, donne 13602 et 6 dixièmes.

Ce dernier chiffre signifie qu'il faut produire 13602 unités de chaleur et 6 dixièmes d'unité, pour compenser le refroidissement qu'éprouve la bâche par le contact de l'air extérieur, ou pour élever la température à 20 degrés au-dessus de zéro, quand la température extérieure a 10 degrés au-dessous de zéro.

Des moyens de se procurer et de répandre la chaleur dans une serre pour obtenir une température proposée.

Pour se procurer par heure 13602 unités de chaleur, il faut brûler un nombre de kil. de houille qu'on trouve en divisant 13602 par 3600, nombre d'unités de chaleur que peut produire un kilogr. de houille. Le quotient de cette division donne 3 kilogr. 784 grammes.

Si l'on chauffe avec du bois il en faudra deux fois et demi davantage. 3 kilogr. 784 gr. multipliés par 2 et demi donnent 9 kil. 461 grammes de bois, qui équivalent à 3 kil. 784 gr. de houille.

Puisqu'il nous faut 13,602 unités de chaleur, et qu'un mètre carré de tube n'en donne que 741 (*), il nous faut au-

(*) En chauffant par l'eau chaude, la température moyenne des tubes dépend de la chaleur de l'eau dans les chaudières et du refroidissement qu'elle éprouve en circulant dans les tubes.

Quand la température moyenne intérieure des tubes est connue, il est facile d'en déduire la quantité de chaleur qu'ils doivent émettre, puisque

tant de fois un mètre de tube que le nombre 741 est contenu dans 13,602. En divisant 13,602 par 741 on trouve pour quotient 18 mètres 36 centimètres carrés de surface de tubes de cuivre nécessaire pour obtenir 13,602 unités de chaleur.

Donnons les détails des calculs par lesquels on arrive à déterminer d'une manière plus générale la valeur de cette surface.

La chaleur émise par une surface chauffée a trois éléments essentiels; elle se compose des trois quantités suivantes :

1° Nombre des degrés dont la chaleur émise par un mètre carré de surface chauffée peut élever en une heure la température de 2,850 décimètres cubes d'air, ou d'un décimètre cube d'eau, *pour un degré* de différence entre la température intérieure des tubes et l'air ambiant;

2° Étendue de la surface chauffée;

3° Différence entre la température de cette surface et l'air ambiant.

Pour que cette chaleur compense le refroidissement produit par les fentes des portes et fenêtres et par la surface des vitrages en contact avec l'air froid extérieur, il faut que la somme de chaleur émise par la surface chauffée soit égale à la somme totale du refroidissement; pour obtenir le refroidissement est proportionnel à la différence de température avec l'air ambiant.

Or, s'il y a une différence de 85 degrés entre l'eau des tubes et l'air du local (soit l'eau à 100 degrés et l'air à 15), ils émettent 969 degrés de chaleur par mètre carré, et si la température moyenne des tubes est à 85, qui est le degré le plus ordinaire, et la température de l'air de la serre maintenu à 20 degrés, la différence de température sera donc de 65 degrés et les tubes n'émettront par mètre carré, et en une heure, que 741 degrés.

une élévation de température il faut que l'émission de chaleur par la surface chauffée soit supérieure à la somme de tous les refroidissements réunis.

La chaleur produite, multipliée par la différence entre les deux températures, de l'eau et de l'air à échauffer, donne 741 degrés; ainsi, l'on retrouve au bout du calcul la même somme de 13,602 à diviser par 741, division dont le quotient donne pour la surface à chauffer, 18 mètres 36 centimètres, comme ci-dessus.

Un diamètre d'un décimètre (*) sera presque toujours suffisant; la circonférence est alors de 3 décimètres 1416 dixmillièmes, le rapport connu du diamètre à la circonférence étant de 3 et 1416 dixmillièmes.

Puisque la surface doit être de 18 mètres carrés 36 centimètres, la longueur devra être obtenue en divisant 18 mètres 36 centimètres par 31,416 dixmillièmes, division dont le quotient donne 58 mèt. 43 cent. de tubes.

Le volume intérieur des tuyaux exprimé en décimètres cubes sera de 458 décimètres cubes, 91 centimètres, ou 458 litres, 91 centilitres.

En général, quand on connait le volume des tubes et leur diamètre, dont la moitié donne leur rayon, la capacité intérieure des tubes s'obtient en prenant le carré du rayon, multiplié par le rapport de la circonférence au diamètre, et par la longueur des tuyaux (**).

(*) On peut voir, page 62 et fig. 52 N, que l'on emploie des tubes méplats qui présentent une surface bien plus grande avec un volume d'eau bien inférieur aux tubes ronds. A***.

(**) Pour obtenir la circulation dans les tubes ci-dessus indiqués, une chaudière comme celle signalée page 61, fig. 47, de 60 centimètres de longueur conviendra parfaitement. A***.

AUTRES APPLICATIONS DE CE QUI PRÉCÈDE.

Le chauffage d'une serre ou d'une habitation serait une chose bien facile et n'exigerait qu'une quantité minime de combustible, s'il ne s'agissait que d'élever la température de la pièce à chauffer du degré actuel à celui que l'on veut obtenir.

Supposez, en effet, une serre de la contenance de 500 mètres cubes d'air, dont la température devrait être portée de 5 à 20 degrés. Pour avoir le nombre des unités de chaleur nécessaires, on divise 25 par 2 et 85 centièmes (*), et l'on multiplie 500 (nombre des mètres cubes à échauffer) par le quotient de cette division, ce qui donne 4,386 unités de chaleur. La production de cette chaleur exige seulement 1 kilogr. 218 grammes de houille, nombre qu'on obtient en divisant 4,386 par 3,600, puissance calorifique de la houille.

La difficulté n'est donc pas d'échauffer une serre donnée, mais de compenser le refroidissement constant que lui fait éprouver l'action de l'air extérieur qui y pénètre, en chassant un volume d'air chaud égal à celui d'air froid entrant; et qui de plus, en refroidissant par son contact les parois de la serre, refroidit aussi l'air qu'elle contient. Il faut donc déterminer la quantité totale du refroidissement qu'éprouve, dans un temps donné, la pièce qu'on veut chauffer, et chercher ensuite la surface de tubes capables d'émettre, dans le même temps, une quantité de chaleur égale à celle perdue. Pour avoir égard à chacune des causes de refroidissement, il faut admettre quelques données qu'on est obligé de supposer fixes.

Le refroidissement causé par le contact de l'air extérieur avec un mètre carré de vitrage, équivaut à l'entrée par heure dans la serre de 29 mètres cubes 241 millièmes d'air extérieur.

Pour évaluer ce refroidissement en décimètres cubes d'eau, il faut diviser 1,000 par 2,850, et multiplier 29 m. cubes 241 millièmes par le quotient de cette division, opération qui donne 10 centimètres cubes et 26 centièmes d'eau qu'il faut échauffer d'autant de degrés qu'il y a de différence entre les deux températures intérieure et extérieure. Cela revient à échauffer par heure un décimètre cube d'eau de 10 degrés et 26 centièmes.

Ces deux quantités, de 29 mètres cubes 241 millièmes d'air et de 10 décimètres cubes 26 centièmes d'eau, dont la dernière peut s'exprimer en degrés du thermomètre par les mêmes chiffres, supposent que la température extérieure est égale aux neuf dixièmes de la température intérieure de la serre. Cette supposition paraît exacte lorsque le vent est modéré et que le froid ne dépasse pas 5 degrés au dessous de zéro. Mais par un vent violent, et pour un plus grand froid, la température extérieure peut n'être que de 8 dixièmes de la température intérieure de la serre.

(*) Le rapport calorifique de l'air et de l'eau est 285,0, c'est-à-dire que la quantité de calorique capable d'échauffer de 1 degré un décimètre cube d'eau, peut aussi échauffer de 1 degré 285,0 décimètres cubes ou 2 mètres 85 centièmes cubes d'air, pesant 3 kilog. 745 gram.

Alors, il entrerait moins d'air extérieur, et la quantité 29 mètres cubes 241 millièmes ne serait plus que 25 mètres cubes 992 millièmes; par la même raison, l'équivalent de ce volume d'air en eau serait de 9 décimètres cubes et 12 centièmes au lieu de 10 centimètres 26 centièmes: ce volume peut s'exprimer par le même nombre de degrés, soit 9 degrés et 12 centièmes du thermomètre.

Un mètre carré de mur nu en contact avec l'air extérieur sera supposé causer un refroidissement équivalent à l'introduction de 2 mètres cubes 850 millièmes d'air extérieur. Ce volume d'air réduit en décimètres cubes ou en degrés du thermomètre, comme ci-dessus, donne 1 décimètre cube et 8,772 cent-millièmes, ou 1 degré 8,772 cent-millièmes de degré.

Prenons actuellement pour exemple une serre que je suppose à un seul toit :

Volume d'air contenu dans la serre, exprimé en mètres cubes. . . . . 347 m. c. 35 centimètres.

Nombre des portes et fenêtres réduites fictivement à une commune hauteur. 8

Hauteur commune admise pour les portes et les fenêtres. . . . . 2 mètres.

Hauteur verticale du toit vitré (*). . . . . 3 mètres.

Hauteur de la devanture vitrée. . . . 1 mètre 85 cent.

Longueur de la devanture vitrée, pouvant être aussi celle du toit vitré. . . . . 14 mètres 3 cent.

(*) J'appelle hauteur verticale du toit vitré une perpendiculaire abaissée du faîtage de ce toit sur une ligne horizontale passant par sa naissance. Si cette naissance est de plus de un mètre au-dessus du sol de la serre, on doit augmenter un peu la valeur de 3 mètres, parce que cet excédant de hauteur de la serre augmente la vitesse de sortie de l'air intérieur.

Surface totale des vitrages. . . . 145 mètres carrés.

Surface totale des murs supposés nus. 97 mètres carrés.

Température externe moyenne de la plus basse du pays. . . . . 5 degrés au-dessous de zéro.

Température qu'on se propose de maintenir constamment dans la serre. . . . 20 degrés au-dessus de zéro.

Différence entre ces deux températures. . 25 degrés.

La quantité d'air extérieur que laissent entrer les portes et les fenêtres dans un temps donné se trouve par le calcul suivant :

9 mètres cubes 965 millièmes multipliés d'abord par le nombre des portes et des fenêtres; puis, par la hauteur de ces ouvertures, dont on porte le chiffre à la puissance 3/2 (*); puis enfin, par la racine carrée de la différence moyenne des deux températures extérieure et intérieure (ce calcul ne peut être fait qu'au moyen de la table des logarithmes). Le produit de cette opération donne le chiffre cherché.

La quantité d'air extérieur qui pénètre par les vides que laissent entre eux les carreaux du toit vitré s'obtient par un calcul analogue, 23 mètres cubes, 252 millièmes, multipliés par le nombre de mètres exprimant la longueur du toit vitré; puis par la hauteur perpendiculaire de ce toit, dont le chiffre doit être porté à la puissance 3/2; puis enfin, par la racine carrée de la différence moyenne des deux température extérieure et intérieure.

La quantité d'air extérieur qui pénètre par les vides des

(*) On appelle *puissance* le produit d'une quantité multipliée par elle-même un certain nombre de fois. Ainsi le produit du nombre 3 multiplié par lui-même, c'est-à-dire 9, est la seconde puissance de 3. Le produit de 9, multiplié par 3, ou 27, est la troisième puissance, etc.

carreaux de la devanture vitrée s'obtient de la même manière,

23 mètres cubes 252 millièmes multipliés par le nombre de mètres exprimant la longueur de la devanture, longueur qui est la même que celle du toit; puis par la hauteur perpendiculaire de la devanture, hauteur dont le chiffre doit être porté à la puissance 3/2; puis enfin, par la racine carrée de la différence moyenne des deux températures intérieure et extérieure.

Nous venons de voir que le refroidissement causé par le contact de l'air extérieur pourrait être exprimé par le nombre de mètres carrés du vitrage multiplié par 29 mètres cubes 241 millièmes.

Ce refroidissement, pour le nombre de mètres carrés contenus dans la surface du mur, s'obtient en multipliant ce nombre par 2 mètres cubes, 850 millièmes.

Les produits additionnés de toutes ces multiplications donnent en mètres cubes d'air extérieur la somme de tous les refroidissements.

On trouve par ce calcul le volume des mètres cubes d'air qu'il faut réchauffer par heure.

On doit ensuite convertir ce volume en décimètres cubes, en le multipliant par 1,000. Pour avoir le nombre de décimètres cubes d'eau que ce volume représente sous le rapport calorifique on divise par 2,850 le produit de la multiplication par 1,000 du volume total d'air extérieur introduit ou supposé introduit dans la serre.

Cette division faite, son quotient doit être multiplié par la différence des deux températures intérieure et extérieure pour avoir le nombre d'unités de chaleur qu'il faut produire pour compenser le refroidissement causé par l'air extérieur, ou pour maintenir la température intérieure à 20 degrés au-dessus de zéro, quand la température extérieure est à 5 degrés au-dessous de zéro.

La quantité de chaleur donnée par cette dernière multiplication est donc celle que doivent émettre les tubes du thermosiphon.

La chaleur émise par ces tubes se calcule d'après leur surface et la différence entre leur température moyenne et celle de l'intérieur de la serre. Pour que le refroidissement soit compensé, il faut que la surface chauffée des tubes représente un pouvoir échauffant égal à l'ensemble de toutes les causes de refroidissement agissant sur l'atmosphère intérieure de la serre.

Quand on n'entretient qu'un feu modéré, on peut admettre 65 degrés pour la température moyenne d'un thermosiphon ayant moins de 100 mètres de tubes d'un décimètre. La température voulue dans la serre étant de 20 degrés au-dessus de zéro, on a pour différence entre la température moyenne du thermosiphon et la température moyenne de l'atmosphère intérieure de la serre 45 degrés.

Si l'on entretenait à l'ébullition l'eau de la chaudière, la température moyenne pourrait atteindre 85 degrés; mais, alors, il y aurait perte de combustible causée par la formation de la vapeur, à laquelle il faudrait d'ailleurs donner une issue.

Application des calculs ci-dessus à la serre prise pour exemple.

Ayant deux mètres pour hauteur commune des portes et des fenêtres, pour avoir la puissance 3/2 de ce nombre il faut de son cube, qui est 8, prendre la racine carrée qui est 2 et 828 millièmes.

Comme le nombre des portes et des fenêtres est de huit, la puissance 32 de 2 mètres, qui est 3, 49 649, doit être multipliée par 8, et le produit de cette multiplication doit être multiplié par 2,828, ce qui donne 79 et 1,165 dix-millièmes.

Comme la longueur du toit vitré est la même que celle de la devanture, on a pour l'une et l'autre de ces deux longueurs 14 mètres 3 décimètres.

La puissance 3/2 de la hauteur verticale du toit vitré est de 5,196; celle de la hauteur verticale de la devanture vitrée est de 2,517: ces deux quantités additionnées donnent 7,713.

On a donc la somme 8 et 15,965 centmillièmes à multiplier par 14 mètres 3 décimètres et le produit de cette multiplication à multiplier par 7,713, ce qui donne 899 mètres cubes et 9,965 dixmillièmes. Cette somme additionnée avec celle de 79 et 1,165 dixmillièmes obtenue plus haut donne un total de 979 mètres cubes et 1130 dixmillièmes qu'il faut multiplier par 3,091 centmillièmes, quantité égale à la racine carrée de la différence des deux températures intérieure et extérieure. Le produit de cette multiplication est de 302 mètres cubes 644 millièmes.

Il faut ajouter le produit du nombre de mètres du toit vitré multiplié par 10 degrés 26 centièmes, expression en degrés thermométriques du refroidissement causé par le contact de l'air extérieur sur un mètre carré du vitrage.

Le toit contient 145 mètres carrés qui, multipliés par 10 degrés 26 centièmes, donnent 1,487 700 millièmes. Il faut encore ajouter le produit du nombre de mètres carrés du mur supposé nu, multiplié par le chiffre de son refroidissement; ce chiffre étant 1, l'on a 97 à additionner avec 1,487,700, ce qui donne 1,584 et 700 millièmes: pour le vitrage et la surface nue de la muraille de la serre.

En additionnant cette somme avec celle de 302, 644 précédemment obtenue, on a pour le chiffre total des mètres cubes d'air extérieur froid pénétrant ou supposé pénétrer dans la serre 1,887 mètres cubes et 344 centièmes.

C'est cette somme qu'il faut multiplier par 25, nombre de degrés exprimant la différence des deux températures intérieure et extérieure; ce qui donne 47,183 et 600 millièmes. Ce chiffre est celui des degrés de chaleur cherchés.

En divisant 47,183 et 6 dixièmes par 513 on trouve 91 mètres carrés et 976 millièmes.

Ce dernier chiffre est celui de la surface de tubes nécessaire pour compenser le refroidissement de la serre.

Si le diamètre des tubes est d'un décimètre, leur longueur se trouvera en divisant leur surface par le rayon multiplié par le rapport du diamètre à la circonférence, soit 91,976 à diviser par 3,142 dixmillièmes, ce qui donne pour la longueur cherchée 292 mètres 768 millièmes. Le volume cherché s'obtiendra en multipliant le carré du rayon par le rapport du diamètre à la circonférence.

On a 25 cent millièmes à multiplier par 3,142, et le produit de cette multiplication à multiplier par 292,768; ce qui donne 2 mètres cubes 299 millièmes pour le volume des tubes. Un mètre cube contient mille litres d'eau; 2 mètres cubes 299 millièmes multipliés par mille donnent 2,299 litres d'eau pour la contenance des tubes.

Le nombre d'unités de chaleur à produire par heure est de 47,183 unités et 6 dixièmes, un kilogr. de houille en donne 3,600 unités; en divisant 47,183 et 6 dixièmes par 3,600 on trouve pour quotient 13 kil. 106 grammes de houille à brûler par heure pour obtenir la chaleur voulue.

Si l'on forçait assez le feu pour porter à 85 degrés la température moyenne des tuyaux, on aurait 65 degrés de différence entre la température des tubes et celle de l'atmosphère de la serre. Alors, au lieu d'une différence de 25 degrés on obtiendrait une différence de 31 degrés entre la température de l'intérieur de la serre et celle du dehors; mais il faudrait pour cela brûler par heure 18 kil. 932 grammes de houille (*).

Calculs pour déterminer la surface de chauffe de la chaudière.

L'inspection attentive de quelques-uns des calculs que j'ai donnés peut faire juger de la relation qui doit exister entre les divers éléments d'un thermosiphon. Je terminerai en donnant le moyen de déterminer la surface de chauffe de la chaudière, c'est-à-dire la surface qui doit être exposée à la flamme du foyer.

J'admets que la chaleur absorbée par heure par un mètre carré de cuivre exposé à la flamme d'un foyer, dans lequel on entretient un feu vif, est 16,500 unités. Si le feu est modéré, le nombre peut se réduire à 12,000.

Nous avons vu qu'on avait besoin par heure de 47,184 unités de chaleur pour maintenir dans la serre 20 degrés de chaleur, quand la température extérieure est à 5 degrés au-dessous de zéro la surface de chaudière exposée à la flamme devra donc être 2 mètres carrés, 86 centièmes; nombre qu'on trouve en divisant par 16,500 la somme des unités de chaleur voulue: soit 47,184. C'est ce que l'on trouve encore par le calcul suivant :

Si la chaudière peut transmettre par heure et par mètre carré 16,500 degrés de chaleur, et si les tubes en émettent 513 aussi par heure et par mètre carré; le rapport des surfaces étant comme un est à 32 et 16 centièmes, on a 91,976 centièmes à diviser par 32 et 16 centièmes : ce qui donne 2,86 mètres carrés, comme ci-dessus.

Sur l'emploi de l'eau chaude comme calorifère par les anciens.

Nous avons cité, page 44, un passage de Sénèque. Depuis ce temps nous en avons découvert un autre dans ses *Lettres* qui prouverait que, s'ils n'ont pas employé l'eau *en circulation*, ils l'ont au moins employée comme récipient à chaleur.

Voici le passage latin avec la traduction :

« *Non vivunt contra naturam qui hieme conspicuunt rosam, fomentoque aquarum calentium et calorum apta imitatione, bruma lilium florem vernum exprimunt?* » Sen., Epist. CXXII.

Traduction : « Ne vivent-ils en opposition avec la nature ceux qui veulent voir la rose en hiver, et qui, par une imitation convenable de chaleur due à une étuve entretenue par des eaux chaudes, forcent les brumes à se changer en printemps avec la fleur du lis? »

(*) Il faut noter ici que toute cette appréciation est faite dans la supposition d'une énorme perte de chaleur dont on pourra se garantir en grande partie par des soins et par des paillassons. A***.

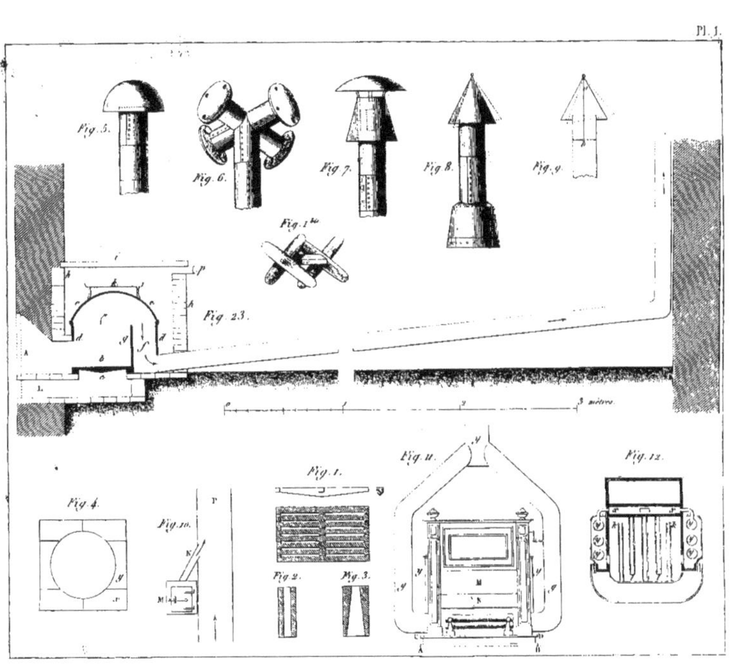
Pl. 1.
Fig. 5.
Fig. 6.
Fig. 7.
Fig. 8.
Fig. 9.
Fig. 1bis
Fig. 23.
3 mètres.
Fig. 4.
Fig. 10.
Fig. 1.
Fig. 2.
Fig. 3.
Fig. 11.
Fig. 12.

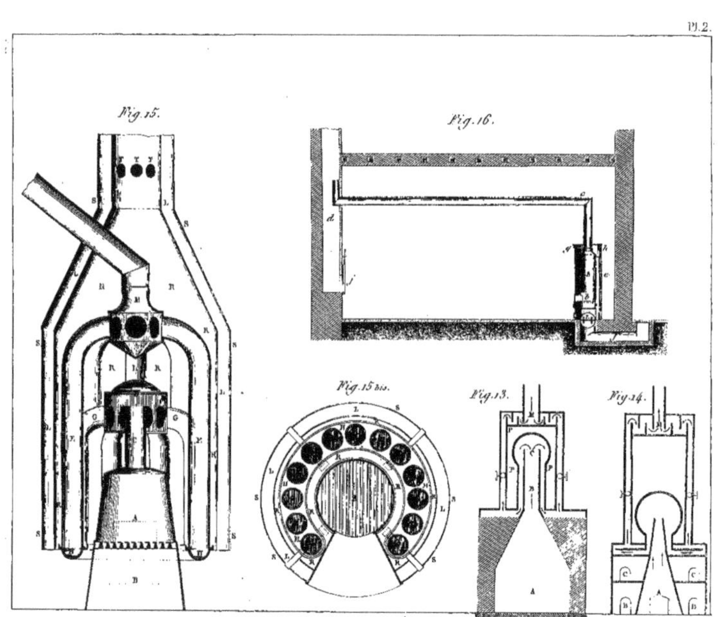
Fig.15.
Fig.16.
Fig.15 bis.
Fig.13.
Fig.14.

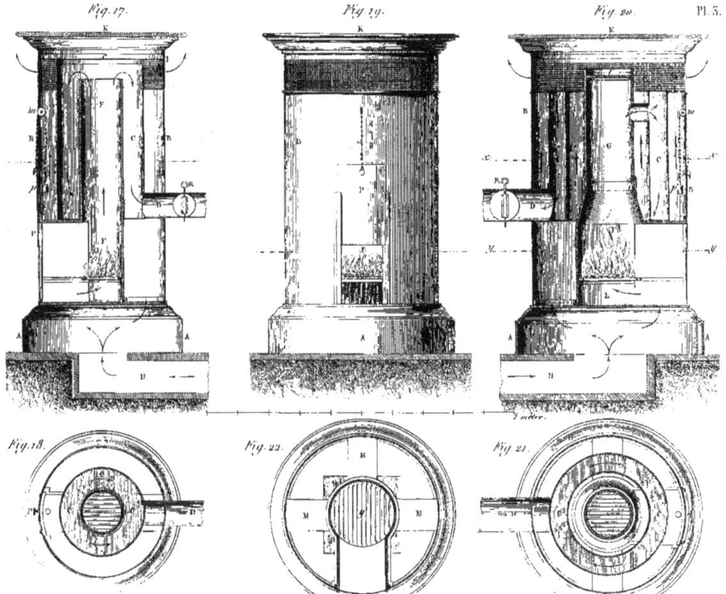
Fig. 17.
Fig. 19.
Fig. 20.
Pl. 3.
Fig. 18.
Fig. 22.
Fig. 21.

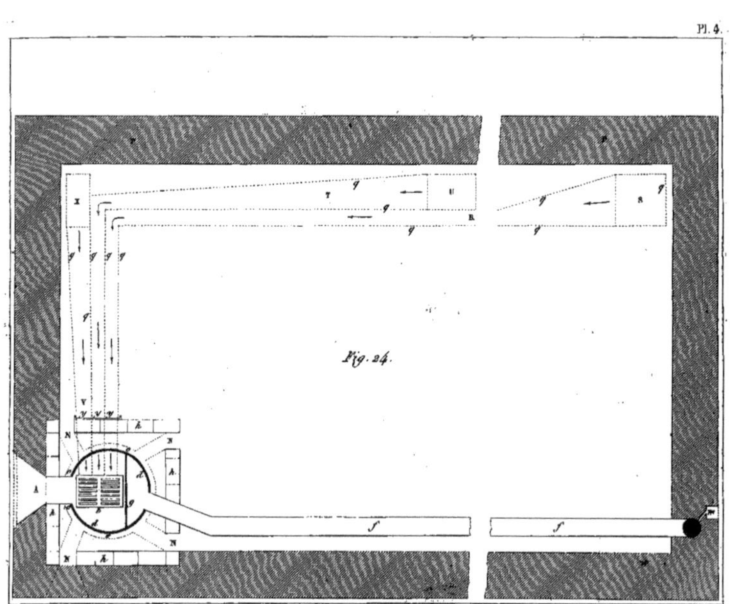

Fig. 24.

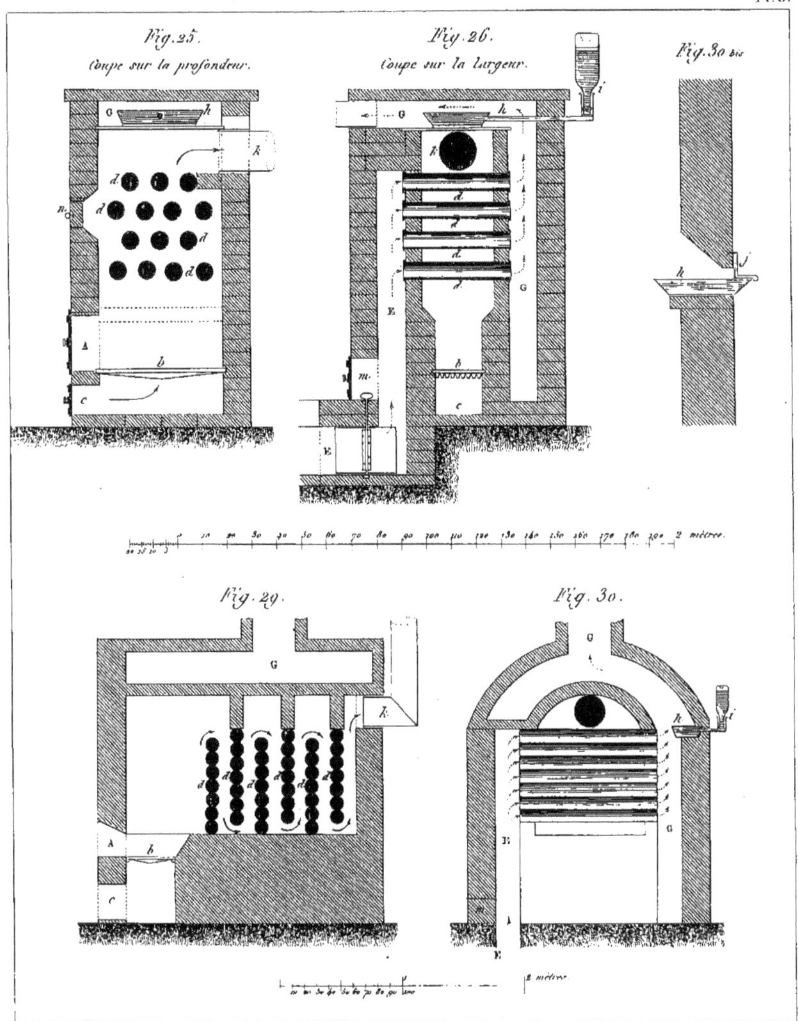
Fig. 25.
Coupe sur la profondeur.
Fig. 26.
Coupe sur la largeur.
Fig. 30 bis
Fig. 29.
Fig. 30.
2 mètres

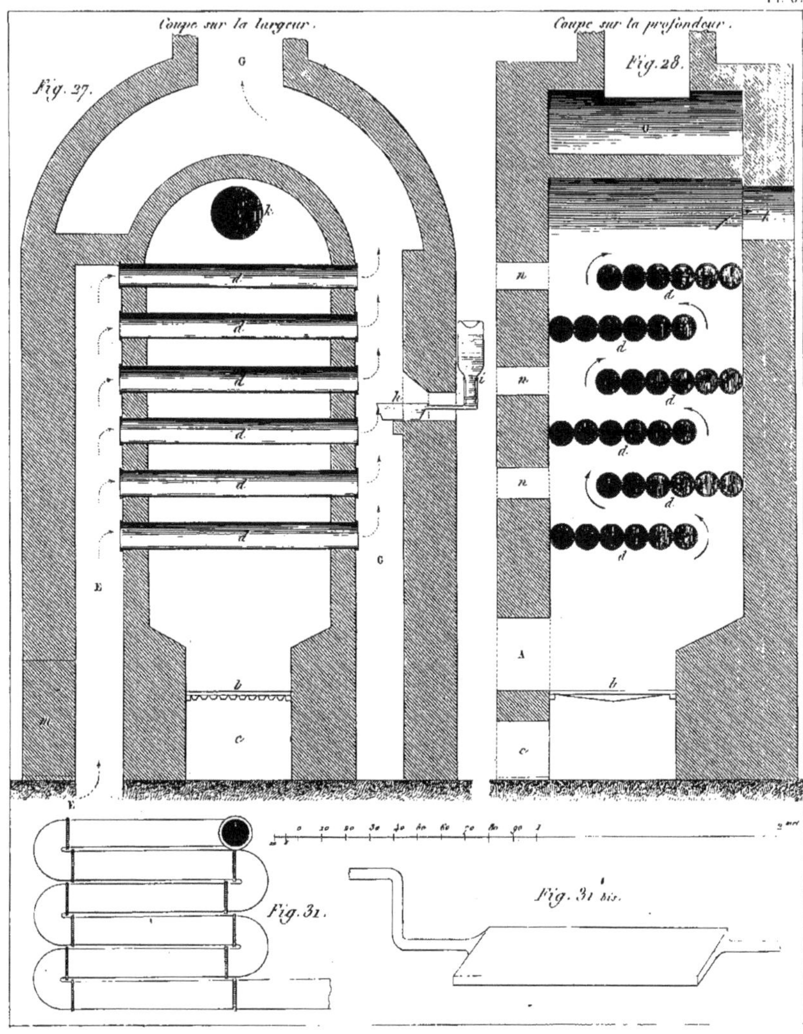
Coupe sur la largeur.
Coupe sur la profondeur.
Fig. 27.
Fig. 28.
G
k
d
E
G
h
i
o
n
A
b
c
m
Fig. 31.
Fig. 31 bis.

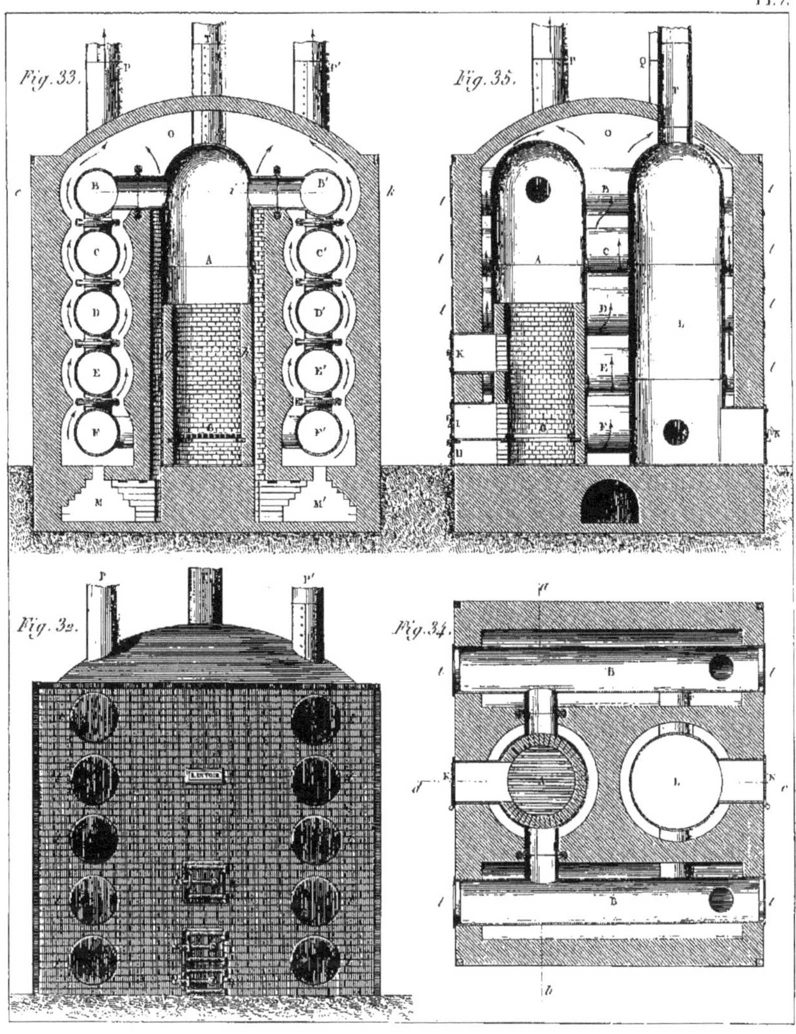
Fig. 33.
Fig. 35.
Fig. 32.
Fig. 34.

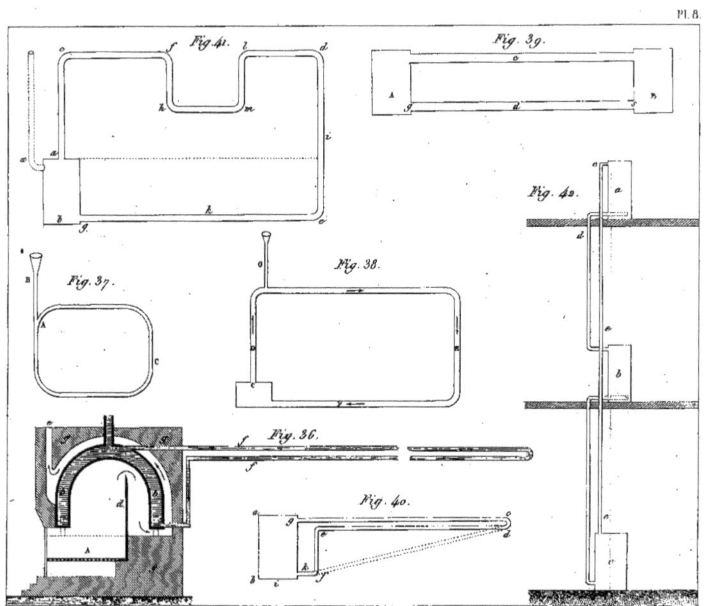
Pl. 8.
Fig. 41.
Fig. 39.
Fig. 42.
Fig. 37.
Fig. 38.
Fig. 36.
Fig. 40.

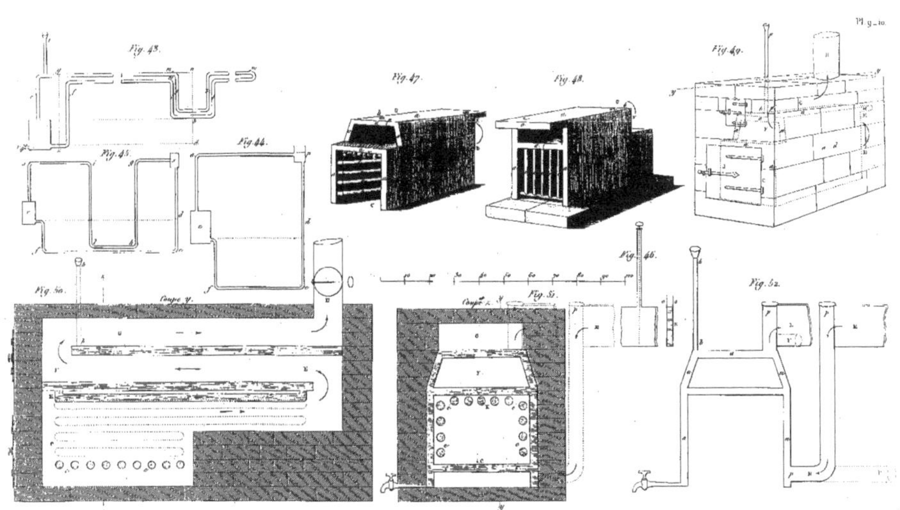
Pl. 9_10.
Fig. 43.
Fig. 44.
Fig. 45.
Fig. 46.
Fig. 47.
Fig. 48.
Fig. 49.
Fig. 50.
Coupe y.
Fig. 51.
Fig. 52.

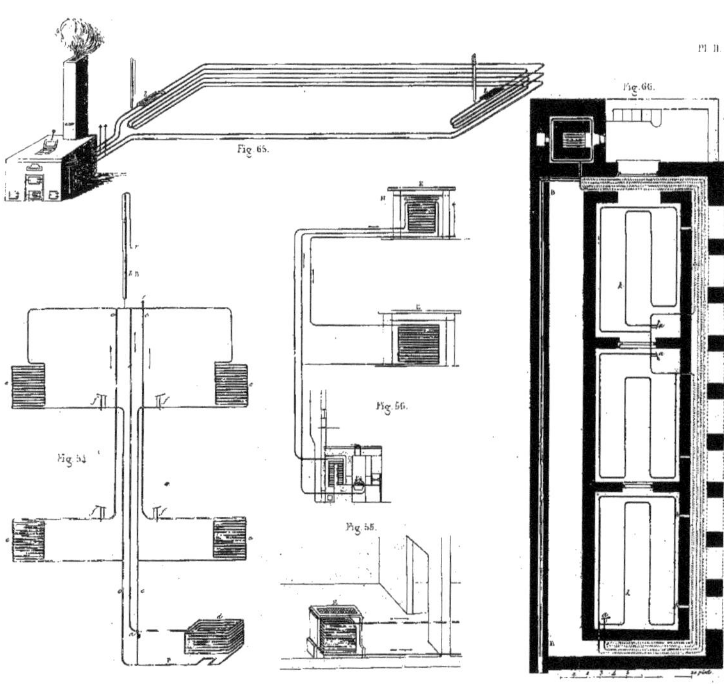

Fig. 65.

Fig. 66.

Fig. 54.

Fig. 56.

Fig. 55.

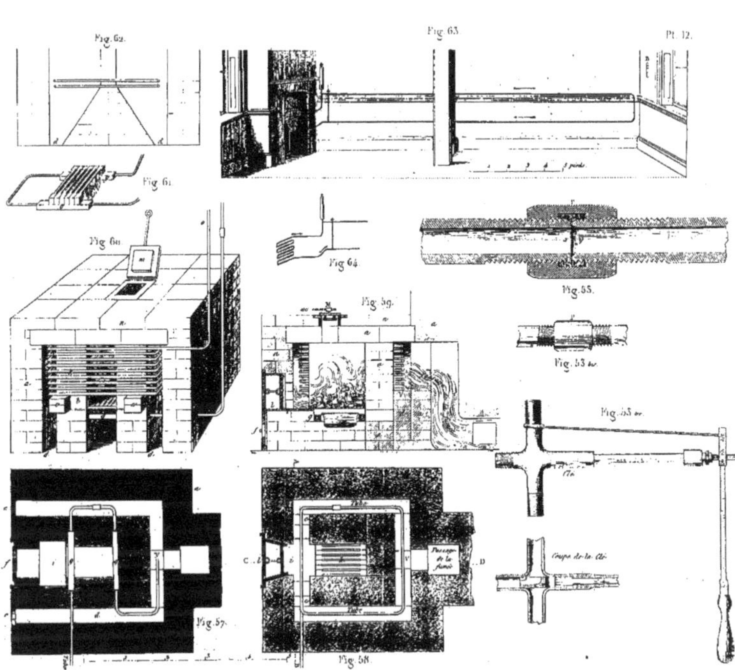

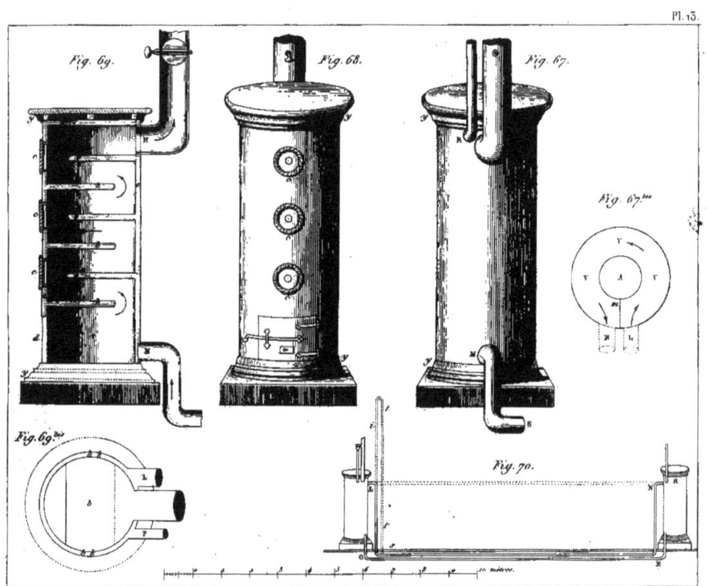
Pl. 13.
Fig. 69.
Fig. 68.
Fig. 67.
Fig. 67 bis
Fig. 69 bis
Fig. 70.
10 mètres.

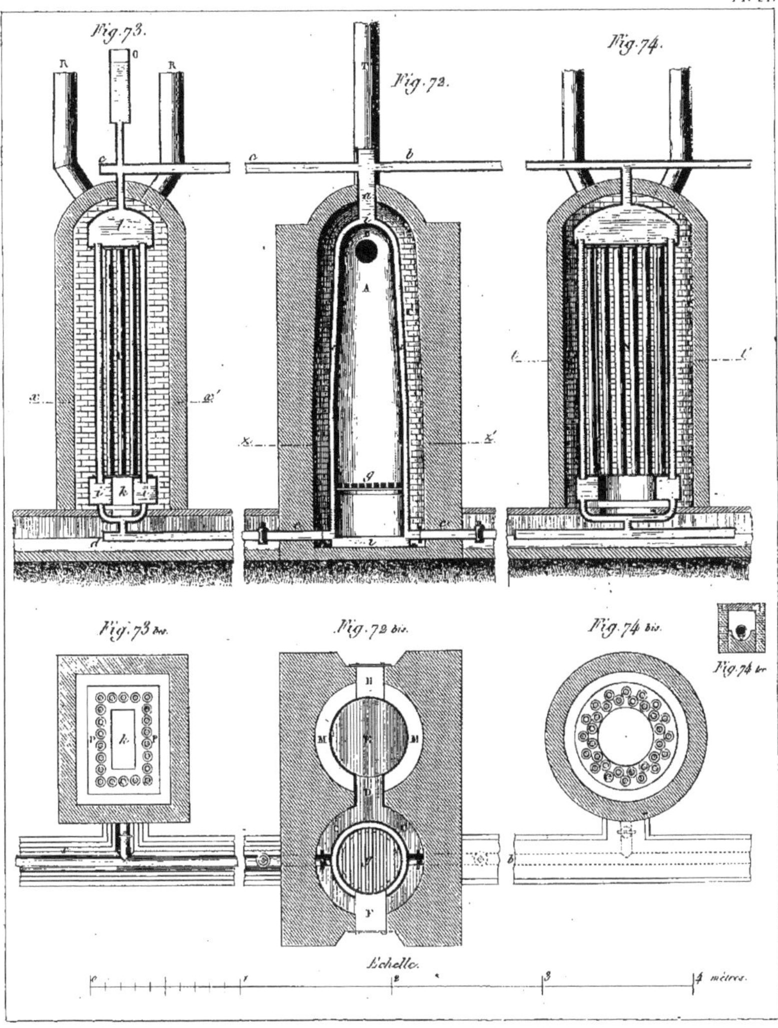
Fig. 73.
Fig. 72.
Fig. 74.
Fig. 73 bis.
Fig. 72 bis.
Fig. 74 bis.
Fig. 74 ter.
Echelle.
4 mètres.

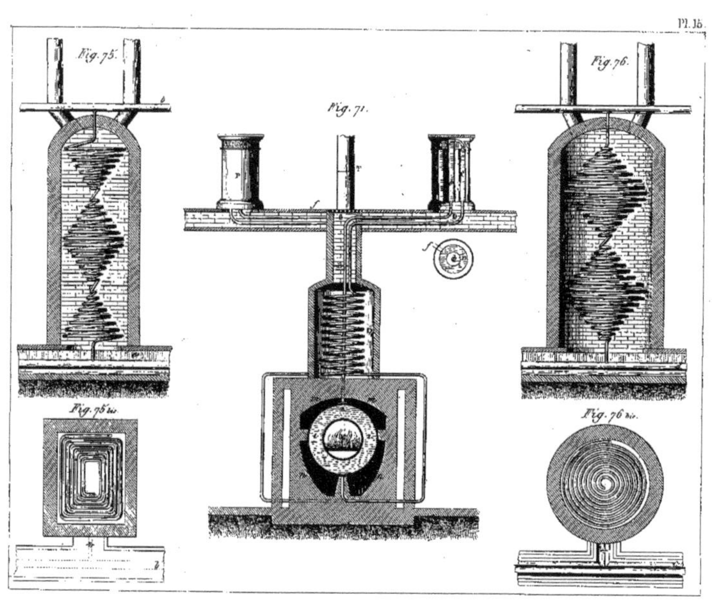
Fig. 75.
Fig. 71.
Fig. 76.
Fig. 75 bis.
Fig. 76 bis.

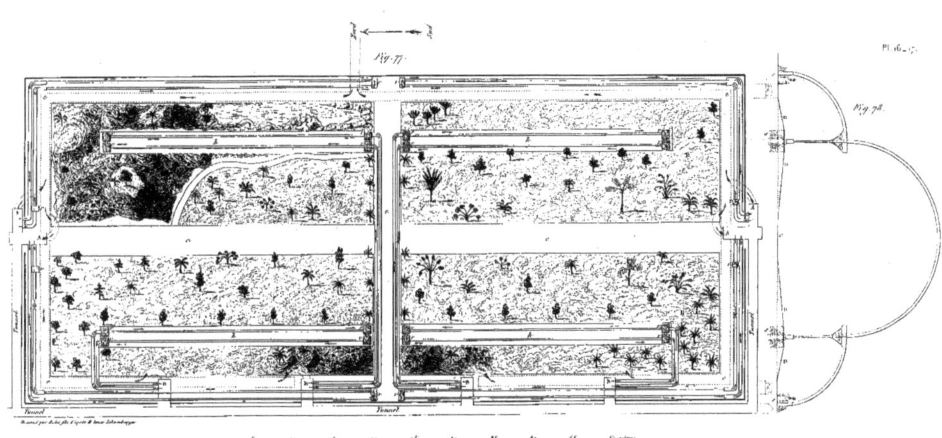

Serre de Chatsworth.

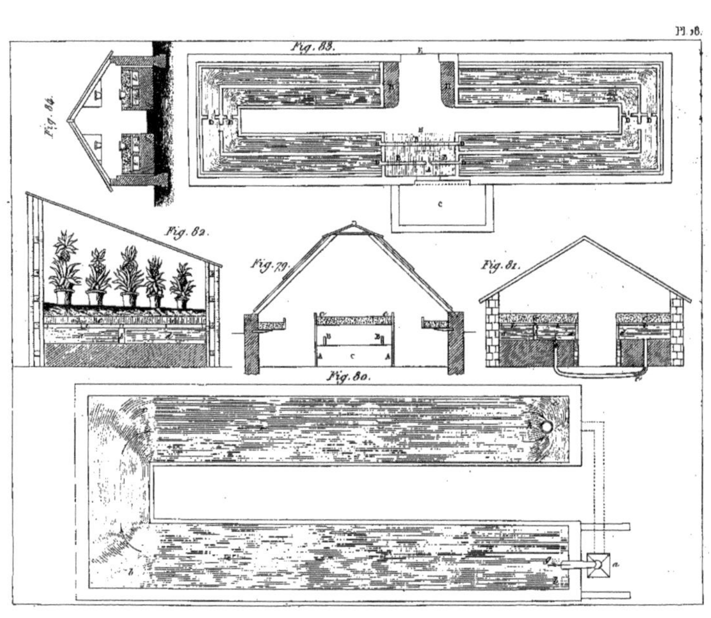
Pl. 18.
Fig. 83.
Fig. 84.
Fig. 82.
Fig. 79.
Fig. 81.
Fig. 80.

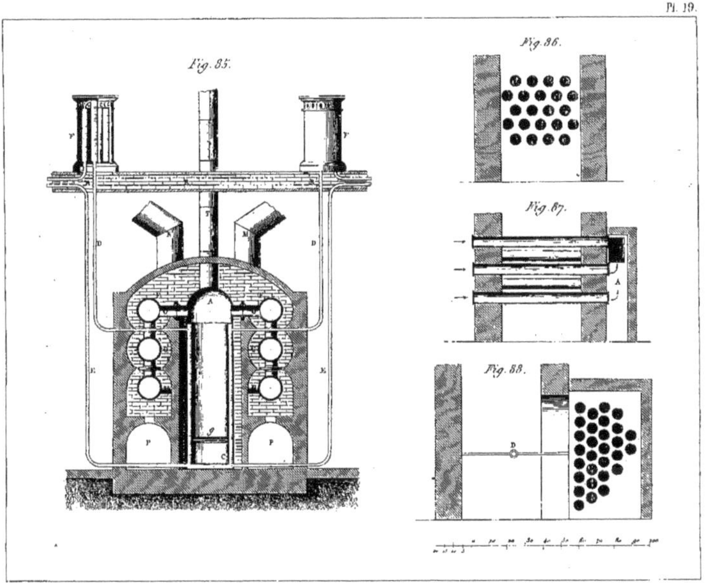
Fig. 85.
Fig. 86.
Fig. 87.
Fig. 88.

Pl. 20.

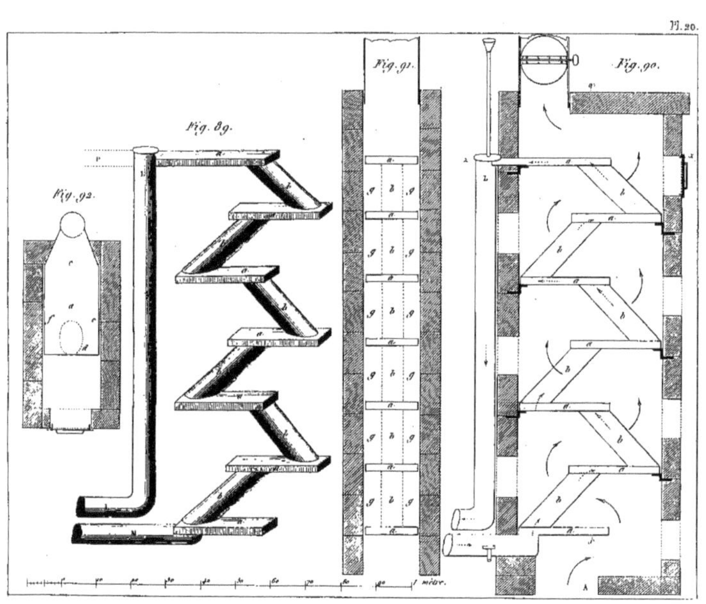

Pl. 21.

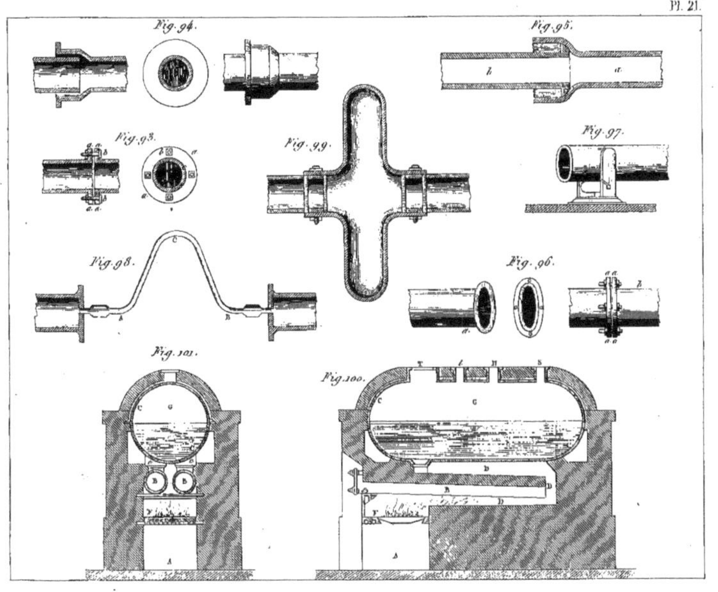
Fig. 94.
Fig. 95.
Fig. 93.
Fig. 99.
Fig. 97.
Fig. 98.
Fig. 96.
Fig. 101.
Fig. 100.

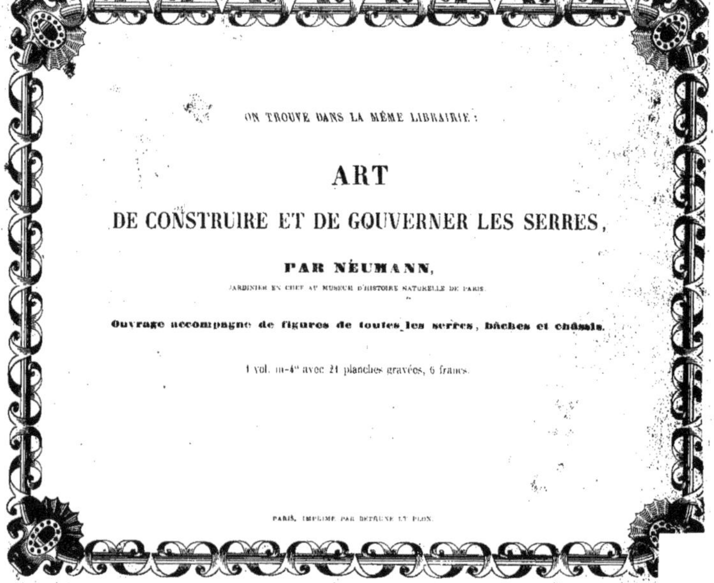

ON TROUVE DANS LA MÊME LIBRAIRIE :

ART
DE CONSTRUIRE ET DE GOUVERNER LES SERRES,

PAR NEUMANN,

JARDINIER EN CHEF AU MUSEUM D'HISTOIRE NATURELLE DE PARIS.

Ouvrage accompagné de figures de toutes les serres, bâches et châssis.

1 vol. in-4° avec 21 planches gravées, 6 francs.

PARIS, IMPRIMÉ PAR BETHUNE ET PLON.

www.ingramcontent.com/pod-product-compliance
Ingram Content Group UK Ltd.
Pitfield, Milton Keynes, MK11 3LW, UK
UKHW021039230726
13926UKWH00004B/1557